HEIGHT

SUPER HIGH-RISE BUILDINGS COLLECTION

城市高度

奥意建筑超高层作品集 2013

中国建筑工业出版社

PREFACE
序一

+ 本书不是研究高层建筑发展理论的专著，更像是中国特色建设大潮中，建筑师在繁忙耕耘的路上，跳出忙碌的工作圈子，回忆静思的阶段性小结 。

+ 在时间的节点上，“奥意建筑”由建院至今已30年，恰与改革开放经历的30年同期。

+ 在创作的内容上，高层建筑不断扩展领域、提升高度，恰与计算理论和创作理念更新同步。

+ 30年来“奥意建筑”设计了大量商业、办公、住宅、酒店和工业建筑项目，这其中完成了30余栋超过100米的高层建筑，展示了“奥意建筑”设计的长项。本书以精致绘制的图形和专业的影像图片做了翔实的记录，内容包括从20世纪80年代初设计、被评为深圳十大历史建筑的深圳电子大厦，直到21世纪陆续设计的高度达200～300米各种功能类型的超高层建筑。每次承担新的工程项目或与境外建筑师比肩同行，或从方案做起，完成全部图纸，经此不断积累，结构体系研发和建筑创意都有长足的进步。

+ 建筑实践的反馈，引发创作的反思，每个细节的成败，都促使建筑师必须明确地回答——什么要坚持下去，什么要保持距离——其意义应当超乎具体项目的展示，可以说这是一次“后理论”方式的具体演绎。

+ 21世纪对中国来说是“城镇化的世纪”，经济发展带来的资金聚集，人口、土地带来的矛盾使高层建筑的发展成为必然，建筑创作面临巨大的发展机遇。

+ 高层建筑始于美国，历经百年沧桑，从欧洲的理性冷峻态度，到亚洲的感性快速发展之势，我国的高层建筑建设历经20 余年，方兴未艾。虽然像上海已出现了历史上最密集的超高层建筑群现象，从发展过程来看，仍属高层建筑的“青年期”阶段，一些二三线城市，也加入建筑高度的追求热潮。这样大规模地高速建设，在安全、能源、技术支撑及社会文化层面、生活方式的改变，以及高层建筑美学表达的共识，是否都有充分的思想准备？在搅拌机轰鸣声中走向辉煌的巅峰时刻，保持冷静的科学态度才是政府、业主和建筑师应有的共同社会责任。

+ 高层建筑与城市的关系，因其体量和高度的强势、功能的密集，常会涉及对城市环境和谐的考验。创造合理空间和栖居有意义的场所，变得十分重要，百年建筑，理应从容面对，在大自然面前要有更多的约束和尊重。

+ 高层建筑的细部节点是建筑师要特别关注的，因其复杂的单项设计常有各专业公司介入，分担不同的任务，唯独建筑幕墙体系所表达的建筑美学与色彩，源于构造逻辑的自然表达和材料的合理选择，一定要掌握在建筑师手中。

+ 可以把本书看作是在我国少了“现代建筑洗礼”这一历史过程的补课作业，从而把空间第一、品质第一、功能第一、细节锤炼的经典论述，作为建筑师进步的阶梯。

中国电子工程设计院顾问总建筑师
中国建筑设计大师
第五届梁思成建筑奖获得者
黄星元

PREFACE
序二

传承·创新·超越

+ 国人性格里固有的内敛，在面对当下的摩天大楼浪潮时，却表现成一种奔放型的扩张。高度的崇拜、地标的竞争、技术的挑战、文化的碰撞、全球化的趋势，在资本力量的大力推动下，让土地日益稀缺的中国成为全球瞩目的超高层建筑汇聚地。

+ 回顾“奥意建筑”三十年发展历程，超高层建筑设计一直是我们重要的服务领域。

+ 20世纪80年代改革开放初期，深圳第一座高层建筑、十大历史建筑——电子大厦的建成，在追求速度和注重“经济、实用、美观”的年代，拉开了我们参与高层建筑设计的序幕。

+ 90 年代市场经济快速发展，勇于创新的建筑师们，融合新理念、新技术、新材料，在超高层建筑的功能、空间、形式上进行了一系列创新与尝试。新闻大厦、电子科技大厦、群星广场、国税大厦、福朋喜来登酒店等地标性超高层建筑的建成，体现了深圳城市建设速度与激情的时代印记。

+ 2000 年加入WTO 以后，全球化和资本力量推动中国崛起并成为世界经济重要的热点重心。屹立在全国各城市核心地段的深圳东海国际中心（308 米）、东莞环球经贸中心（289 米）、江阴龙希国际大酒店（328 米）、南宁龙光世纪中心（368 米）、湖州东吴国际广场（251 米）、南昌华尔街广场（225 米）、厦门世茂海峡大厦（300 米）、厦门中航紫金广场（194 米）等超高层建筑的陆续设计和建成，展现了资本快速集聚、多元文化碰撞、新技术挑战、由追求数量向追求质量转变的大背景下，我们立足当代中国城市的观察与思考而作出的创造性回应。专注的追求和丰富的实践，使“奥意建筑”成为超高层建筑设计的积极参与者和推动者。

+ 超高层建筑建设，改变了城市的天际线，也改变了人们的生活。三十年如一日，我们始终立足于社会和城市发展的现实，关注客户的需求，关注超高层建筑与城市的和谐关系，关注超高层建筑本身的秩序，关注超高层建筑技术的创新与应用，关注超高层建筑生态设计与可持续发展，关注超高层建筑长效运营机制……

+ 现在中国新一轮城市化发展的机遇期已经到来，新的超高层建筑发展模式和建设需求，在设计创意性、技术成熟性、空间舒适性、形象地标性、运营生态性等方面，给我们提出了更深层次的要求。在关注生态和可持续发展的当下，我们秉承“慧筑城市，绘筑梦想”的愿景，专注地、智慧地参与超高层建筑实践，在传统与现代、技术与经济、创意与文化，以及城市与建筑短期投资与长效运营之间取得平衡点，从而科学地营造更舒适的城市环境、更愉悦的人性空间、更时代的标志形象、更智慧的运营体系、更和谐的生活方式，走超高层建筑健康发展之路。

+ “奥意建筑”三十年超高层建筑设计磨砺，将是另一个建筑梦想的起点。

深圳奥意建筑工程设计有限公司董事总经理
中国建筑学会工业建筑分会副理事长
深圳市勘察设计行业协会副会长

周栋良

CONTENTS
目录

奥意超高层设计项目

奥意超高层经典项目

奥意超高层咨询项目

奥意建筑

HEIGHT
奥意超高层设计项目

+ 客户名称: 江苏华西房地产开发有限公司
项目地点: 江苏省江阴市华西村
建筑规模：21.3万平方米
层数/高度：72层/328米
设计时间：2006年9月
建成时间：2011年10月

LONG WISH HOTEL INTERNATIONAL
龙希国际大酒店
328米亚洲农村美丽新地标

项目概况 PROJECT OVERVIEW

+ 龙希国际大酒店位于江苏省江阴市华西村，建成时高度世界排名第15位、全国排名第8位。大楼原名为“增地空中新农村大楼”，意为“借天增地”；落成后最终命名为“龙希国际大酒店”，寓意“龙的希望”。

+ 龙希国际大酒店是一栋集旅游、观光、会议、购物、住宿、餐饮、健身、娱乐及展览多种功能为一体的竖向超高层综合体建筑，不但为华西村的发展节省更多可利用的土地资源，也成为华西旅游新的增长点，加快华西村由传统工农业向旅游服务业、金融产业转型，为华西村城镇化和产业升级迈出重要一步。

总体规划布局及设计特色
SITE PLANNING AND DESIGN FEATURES

+ 龙希国际大酒店整体造型为“三足鼎立、明珠置顶”，莲花座上三座柱状的塔楼托起中央顶部直径50米的球体，呈现出华西村“团结凝聚　如日中天”的企业精神与发展前景。

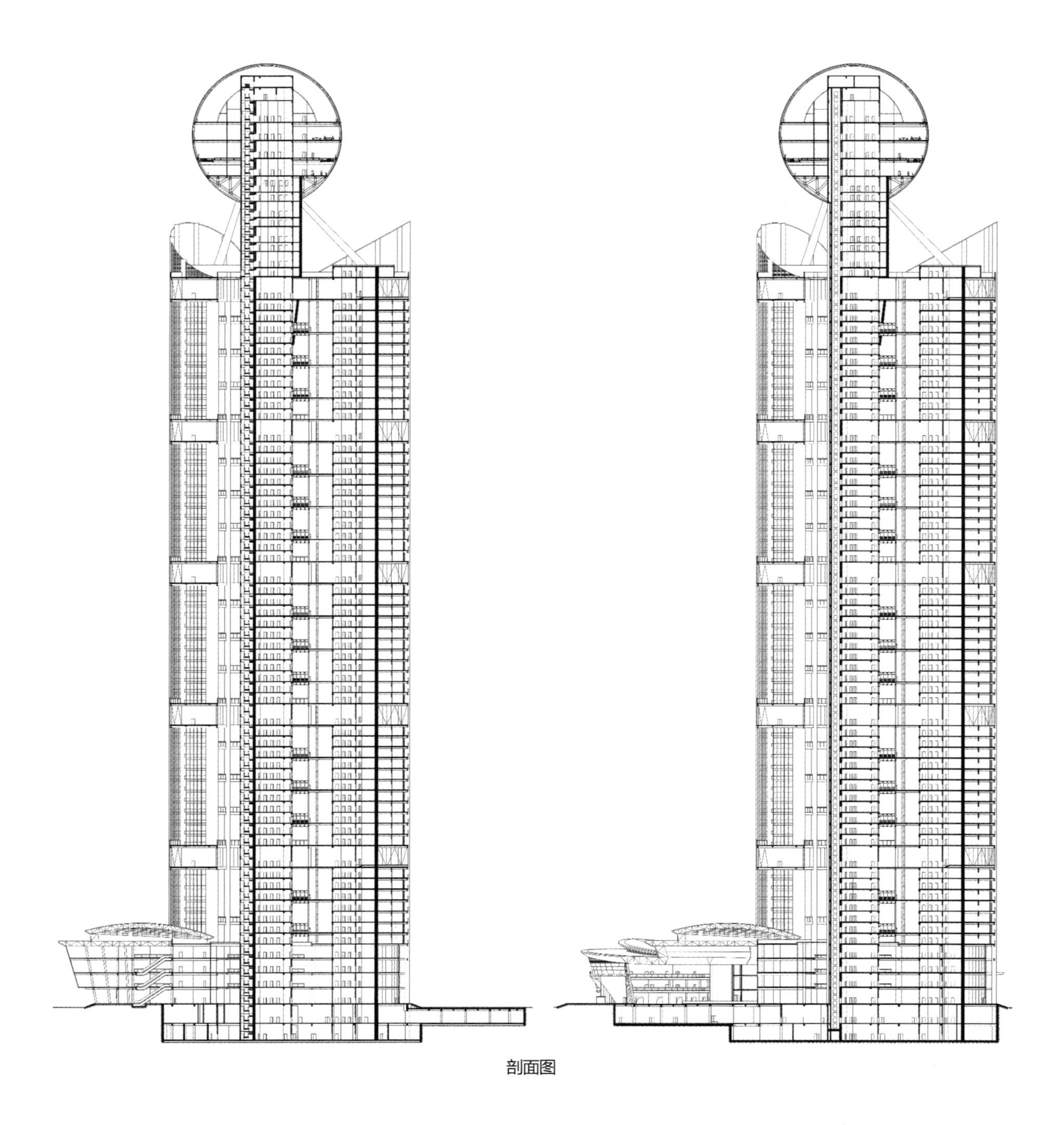

剖面图

模型照片

模型照片

1. 裙楼部分 PODIUM

+ 莲花座造型的裙房1~4层是公共服务区，包括会议中心、娱乐中心和可容纳所有华西村村民同时就餐的大宴会厅。一层设有华东最大的2600平方米无柱式宴会厅；二层设有2000平方米购物区；三、四层是会议中心，13间会议室及多功能会议厅，配备专业会议设施，能够满足各种商务会议需求。

裙房公共区

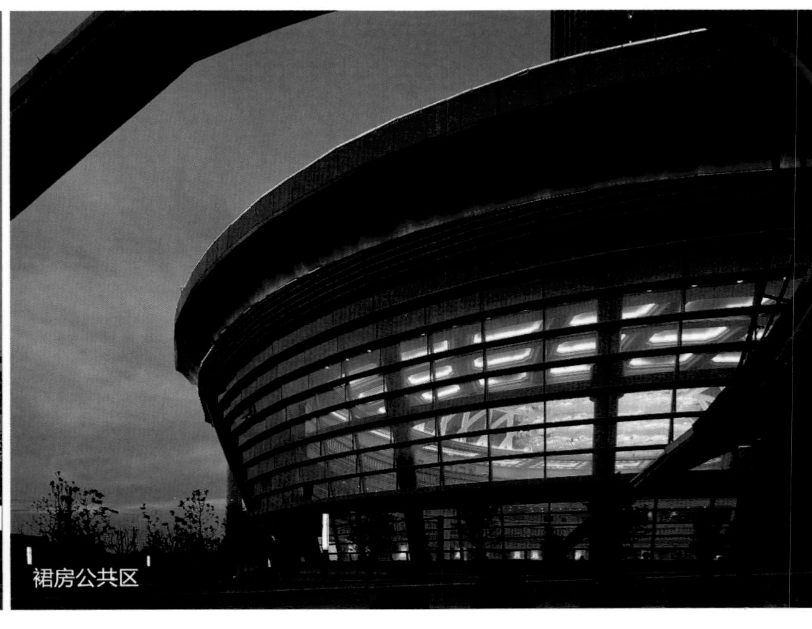

裙房公共区

宴会厅

购物区

多功能会议厅

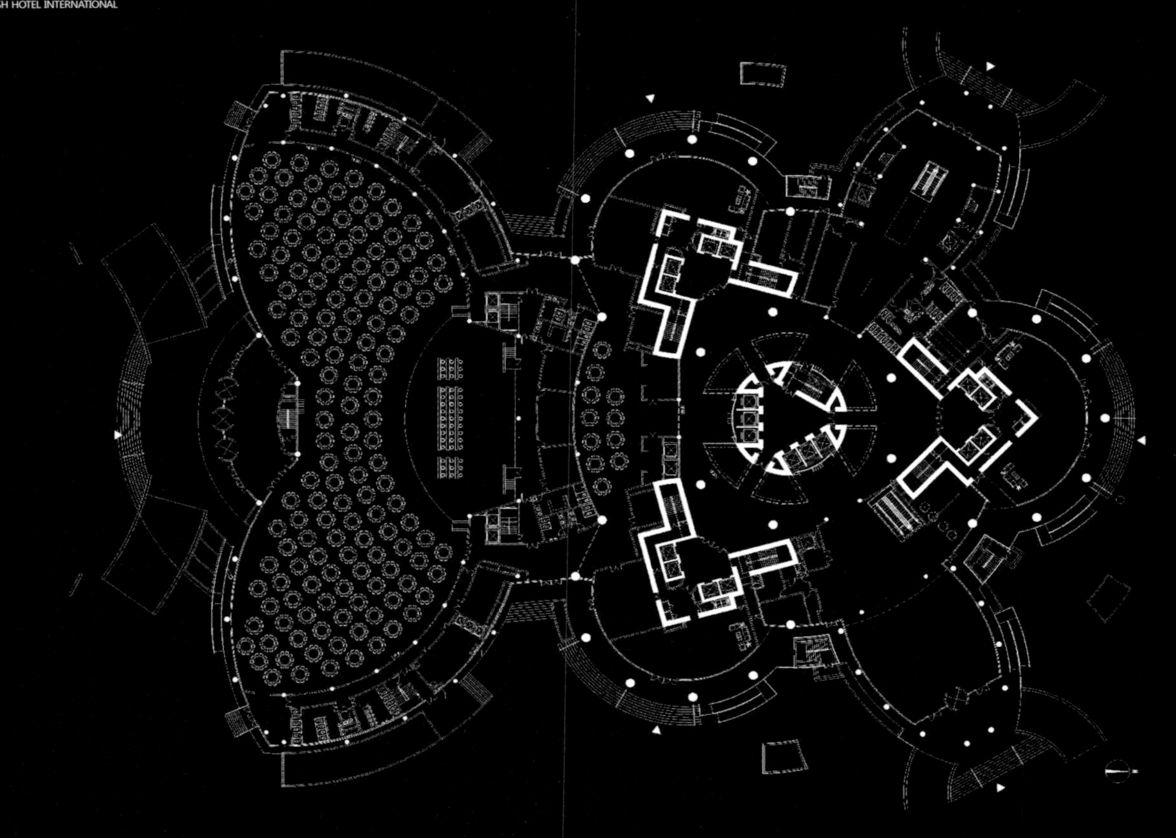

裙楼一层平面图

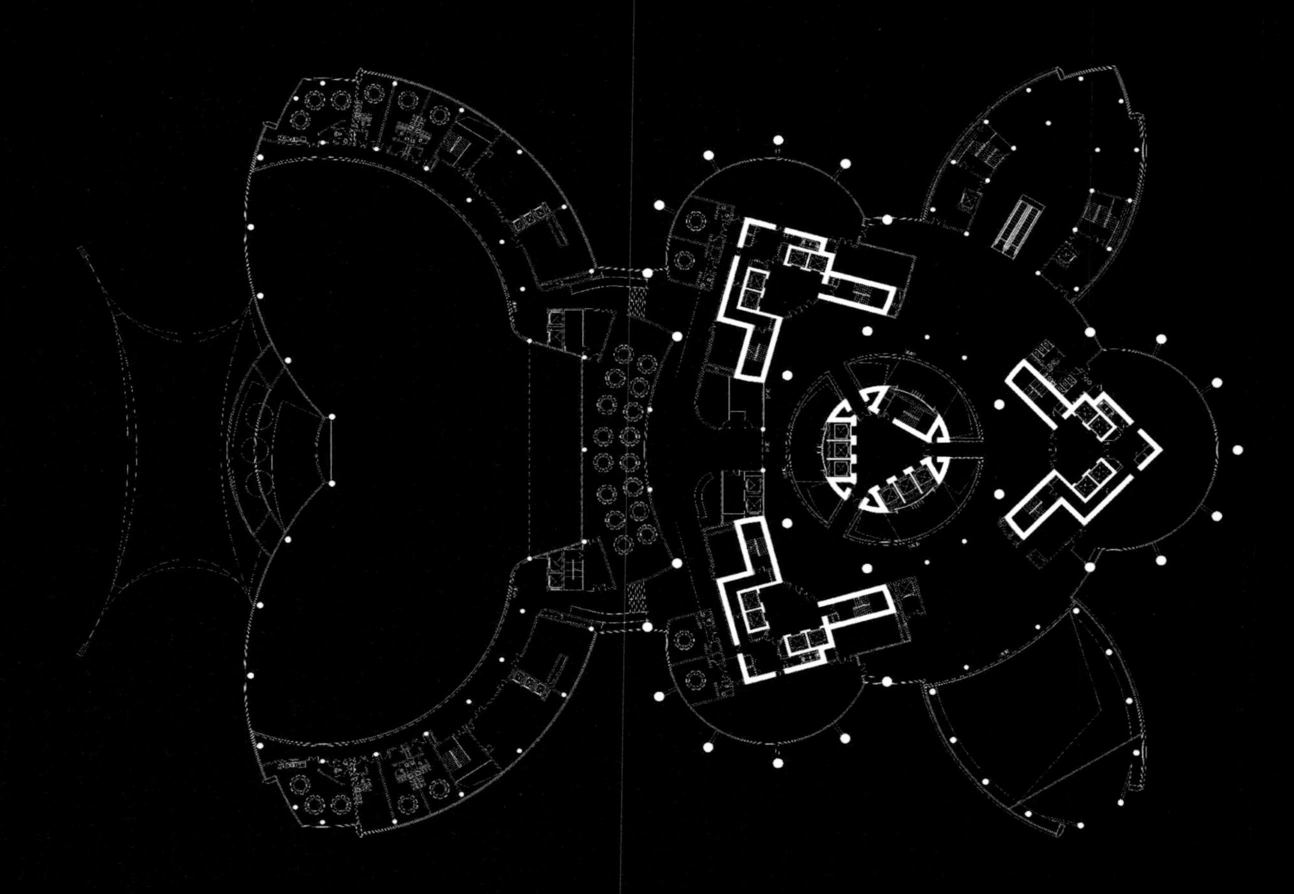

裙楼二层平面图

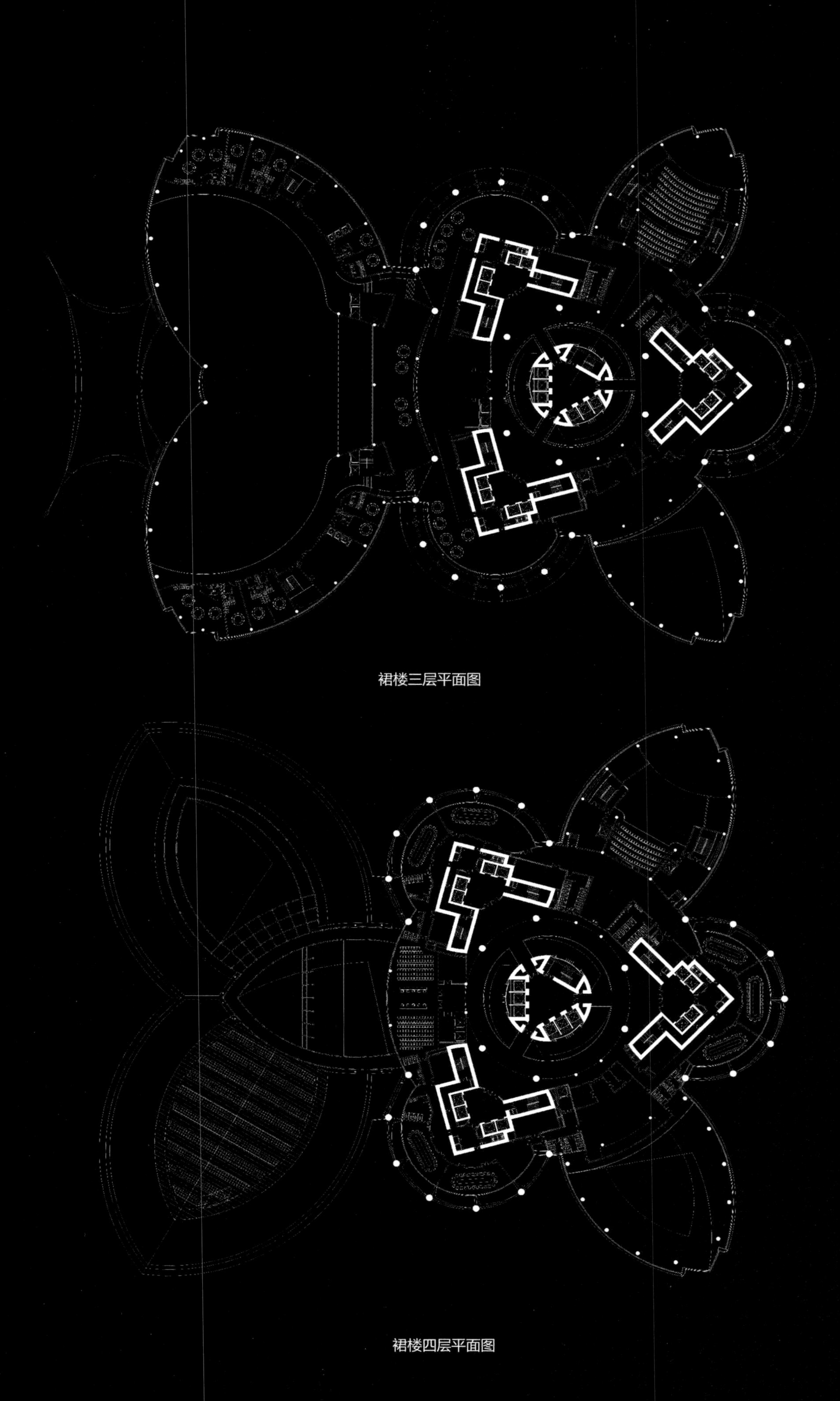

裙楼三层平面图

裙楼四层平面图

塔楼

2. 塔楼部分 TOWER

+ 塔楼部分由3个60层的外围筒体和1个72层的中央筒体构成。

外围筒体

+ 三个外围塔楼主要功能为酒店和办公

5层~60层共设 826套五星级标准客房，居全国单体酒店之最。其16套总统套房、90套豪华行政套房、540套标准间、180套酒店式公寓，为旅游住宿、家庭度假、高端商务精英提供最温馨的入住体验。

12层、24层、36层、48层、60层共五个环体把三个外围筒体紧紧连接，内设“金木水火土”五行汇所，分别摆放一只用金、银、铜、铁、锡打造的牛。汇所以传统文化为主旨，以顶尖艺术品为装饰特色，风格迥异且意寓深远。60层的金汇所以“天下第一金牛”为标志，代表了华西诚信的一诺千金；48层木汇所“木文化广场”云集天下名木；36层水汇所通过光影设备再造了一个全新的水世界；24层火汇所以运动健身为主题；12层土汇所汇聚了中国特色的红、黑、黄土制成的艺术品。

中央筒体

+ 中央筒体共72层，用于竖向交通。每秒十米的高速电梯，在一分钟内可把游客从底层送到观光平台。

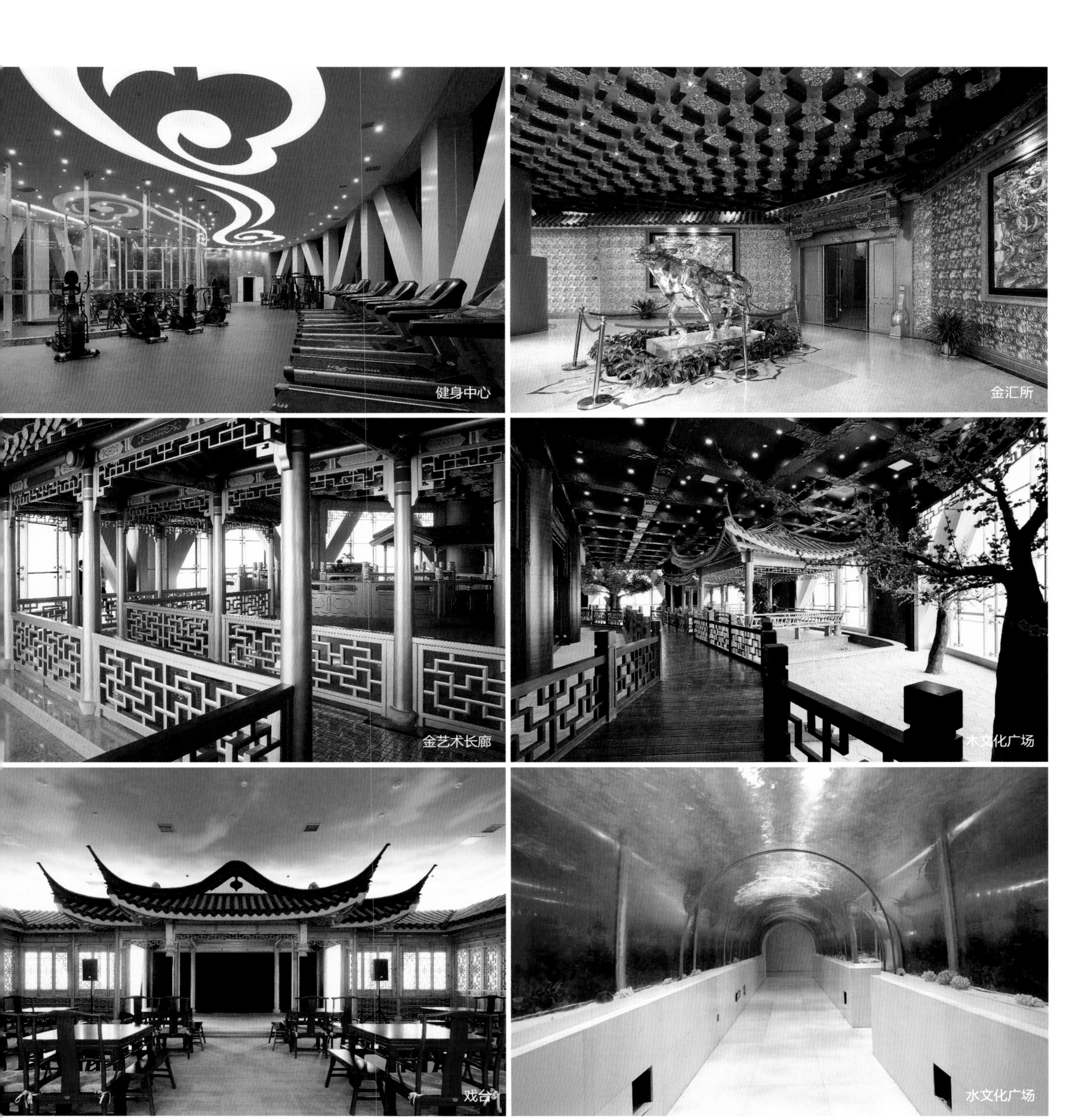

健身中心

金汇所

金艺术长廊

木文化广场

戏台

水文化广场

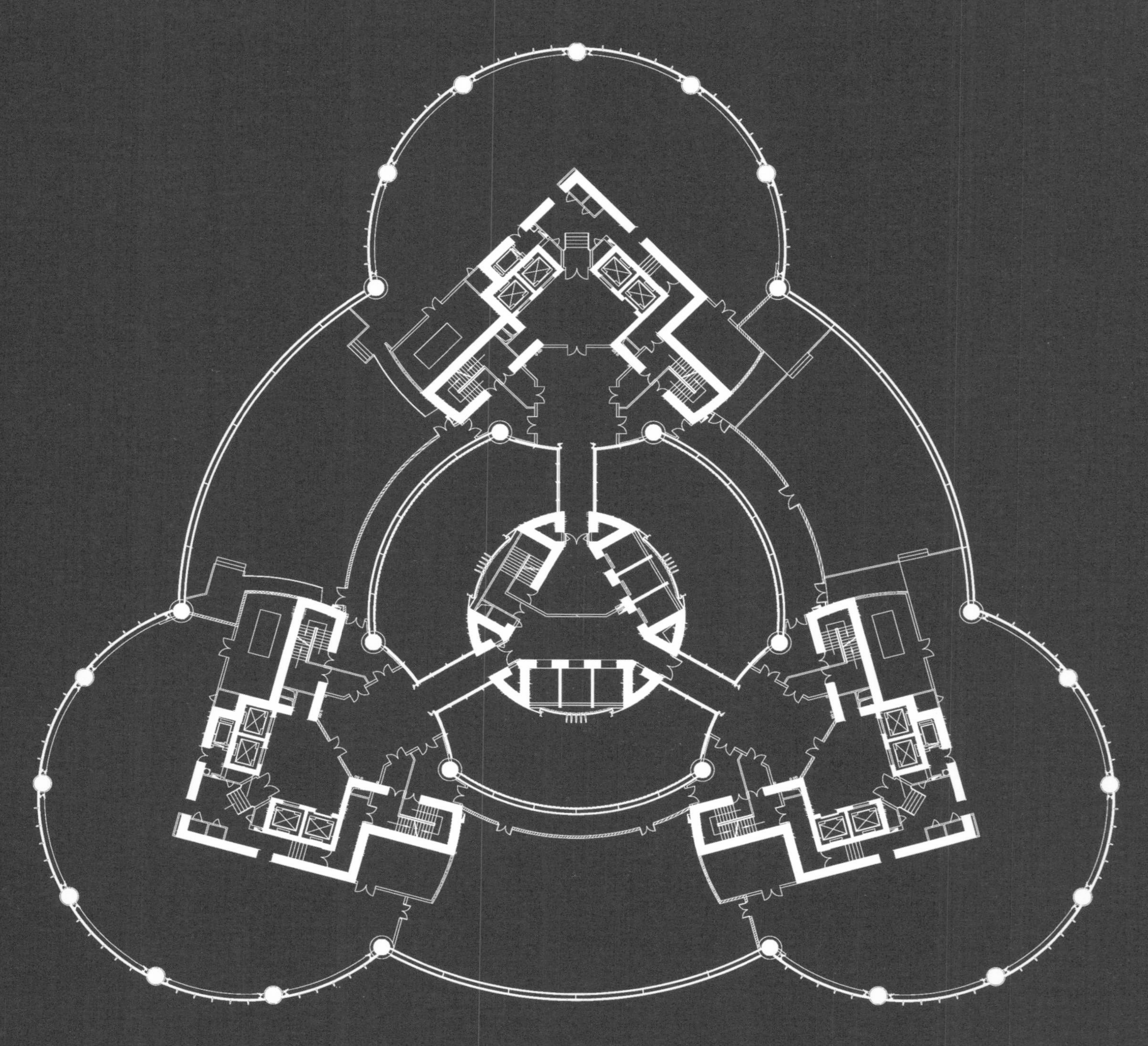

金汇所平面图

3. 球体部分 TOP

+ 球体共4层，69层设有世界上最高的村级博物馆，馆内价值8000万的珍贵原木“小叶紫檀”、荣获“2011中国玉（石）器百花奖特别金奖”的大型玉雕《三山五岳》、国家工艺美术大师陈明湖创作的《百鲤化龙》、不可复制的西藏“唐卡”、东汉时期难以估价的“聚财罐”以及祝枝山、张大千、李可染、林散之、黄胄、范曾、沈鹏、张海、尉天池等艺术大家的字画珍品，集中展示了中华文化的博大精深。

+ 70层是可容纳800人用餐的旋转餐厅，71层为可容纳300人用餐的高档中餐厅，72层是360度玻璃窗全景观光平台“天宫”，可俯览华西全景。

華西龍希國際大酒店

球体平面图

结构难点及突破

STRUCTURE INNOVATION

+ 根据现有的《超限高层建筑工程抗震设防专项审查技术要点》，龙希国际大酒店结构高度超过现行规范的限值，塔楼沿高度方向设置的多道连体属于复杂连接，同时屋面层以上，平面由四个塔体变为一个塔体，尺寸突变，共存在超高、多塔连体及顶部收进三项超限。国内尚未见有类似形式的高层建筑，对于此类结构类型的界定、抗震性能的特点、分析方法的选用等问题均缺乏相关经验。

+ 结构专家采用通用有限元软件ABAQUS进行了动力弹塑性时程分析，在理论研究有限元分析的基础上，开发了基于纤维模型的非线性复合梁单元，在保证足够精度的前提下，大幅提高了建模和计算效率，突破了超限高层建筑工程抗震技术壁垒。项目于2007年一次性顺利通过全国超限高层建筑工程抗震设防审查专家会组织的专项审查。

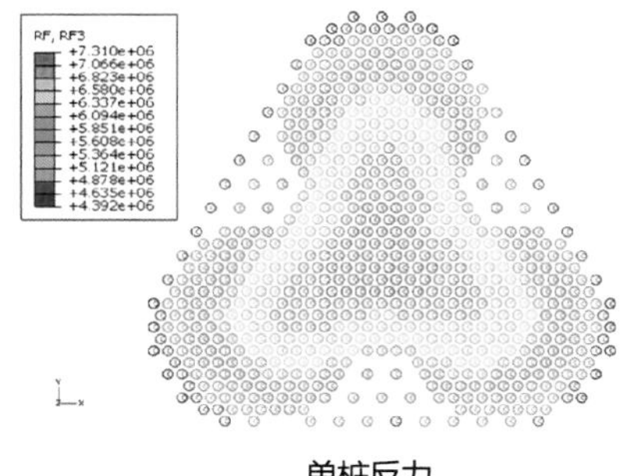

单桩反力

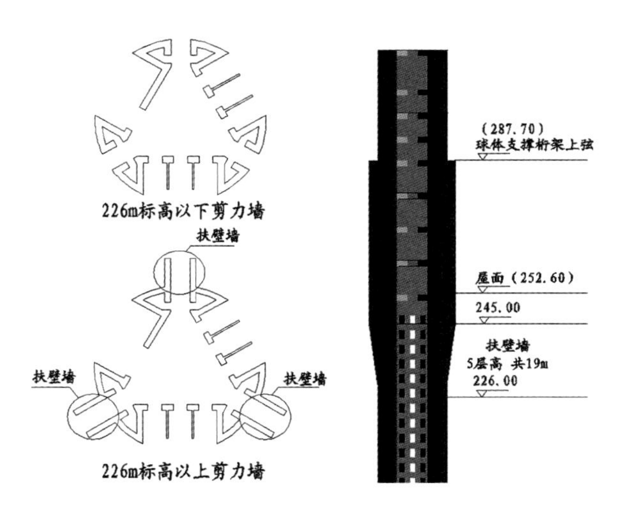

颈部筒体示意图

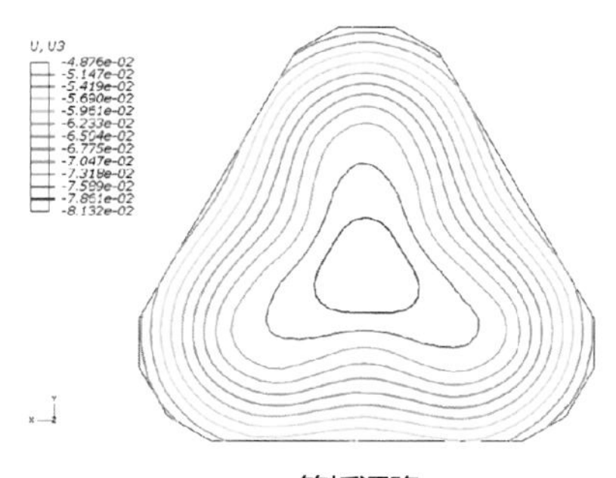

筏板沉降

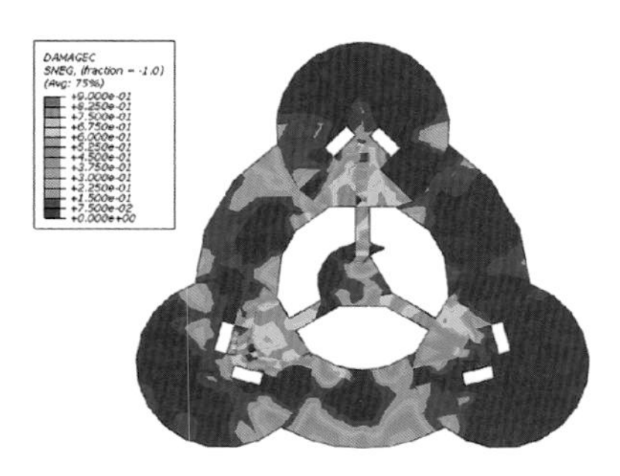

楼板损伤

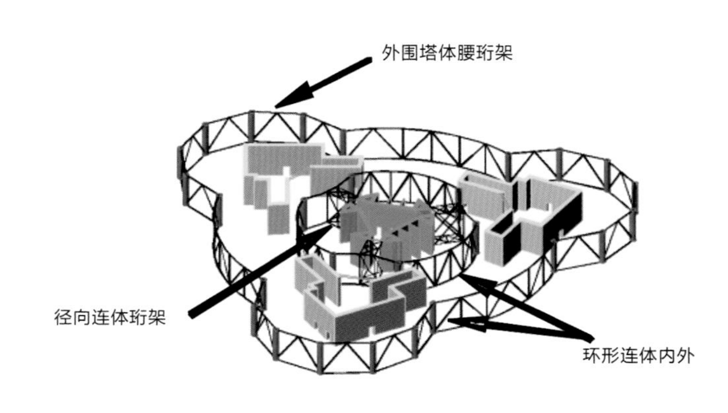

连体结构构成

- 客户名称：江苏华西房地产开发有限公司
- 建设地点：江苏省江阴市
- 建筑规模：85万平方米
- 层数/高度：129层/638米
- 设计时间：2010年

HUAXI CENTER
638米华西中心

概念方案一

项目概况 PROJECT OVERVIEW

继龙希国际大酒店之后，“奥意建筑”再度与华西村合作，接受638米华西中心的概念方案设计委托。

华西中心位于江阴市外滩核心地带，占地27.66万平方米，属江阴外滩的高尚住宅区和中央商务区，周边景观优美，近临长江、鹅鼻嘴公园等美景，自然资源得天独厚。

总体规划布局及设计特色
SITE PLANNING AND DESIGN FEATURES

+ 主塔楼为一栋129层、高638米的高楼，包含高档公寓、超五星酒店、高级会所和顶级体验式观光旅游空间，整体造型犹如乘风破浪的船帆。

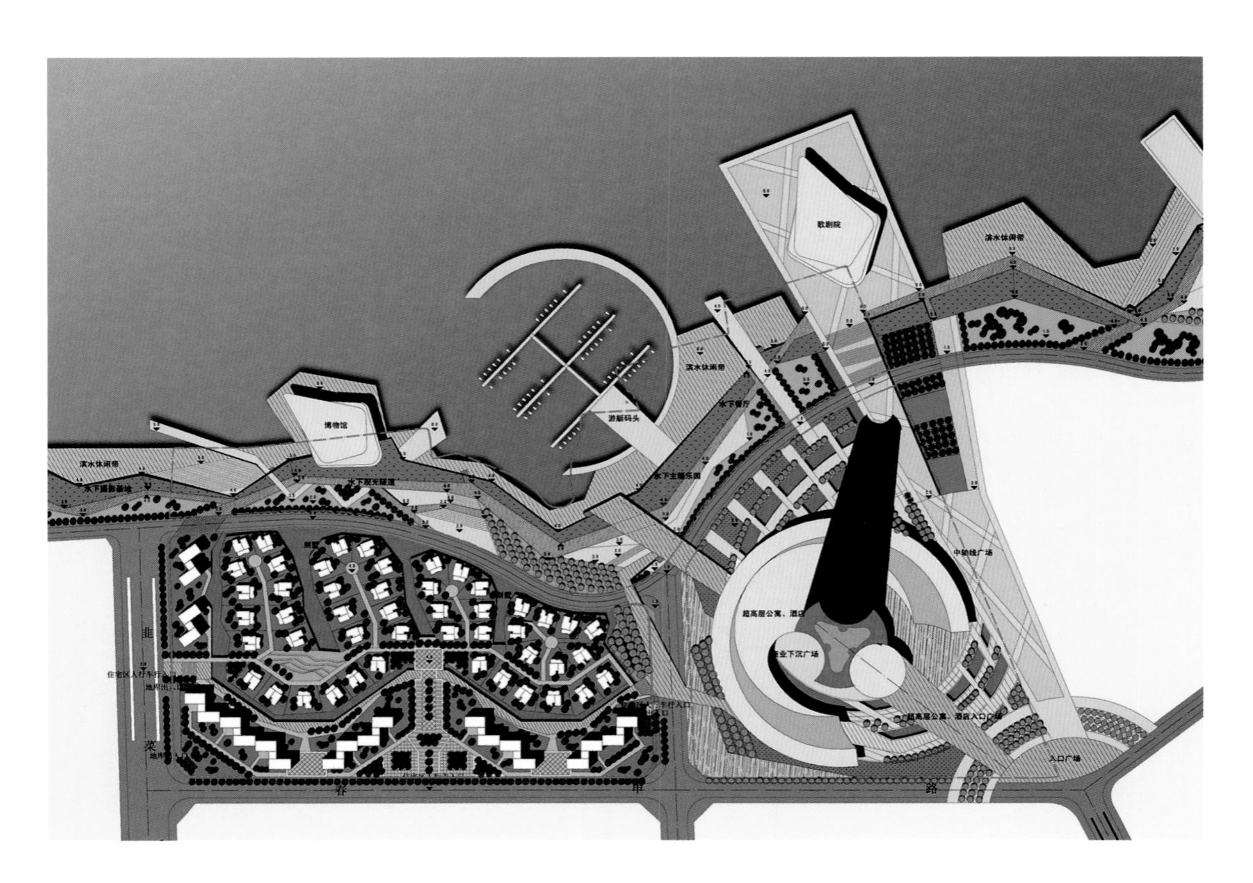

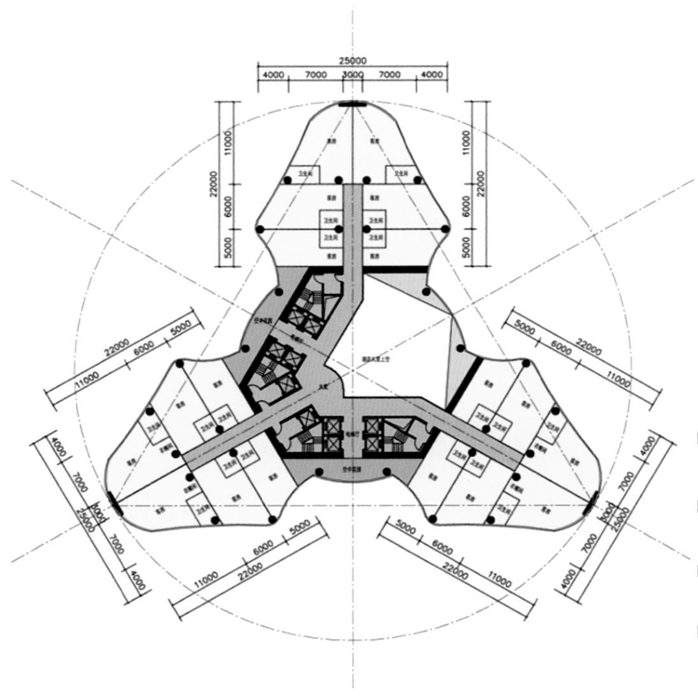

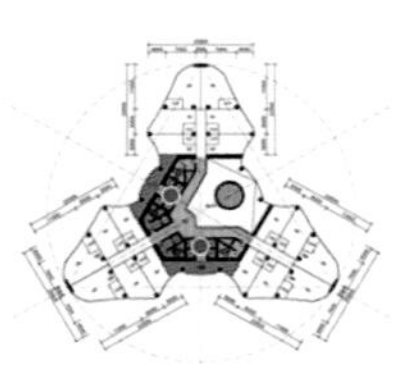

- 核心筒按功能（居住式酒店/产权式酒店/超五星级酒店）独立分区，每个区域均有直达电梯，交通识别性强。
- 电梯厅均能自然采光通风，且具有良好景观优势，结合空中花园设置了空气走廊及风力发电系统，充分利用风压创造再生能源创造自身绿化生态系统。
- 酒店部分由于标准层面积较小，楼梯仅保留核心筒内两部即可满足消防疏散要求。
- 超五星级酒店层设置了近30层通高的室内中庭，透过中庭可以俯瞰气势恢宏的长江，最大化地突显酒店的气派及超高层建筑的景观优势。

ZITURA
Dior
COSCALA

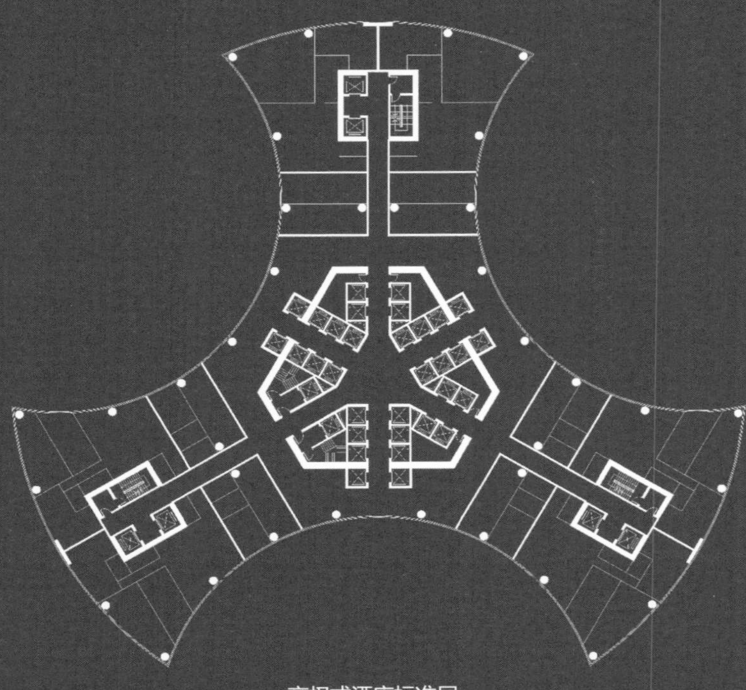

产权式酒店标准层

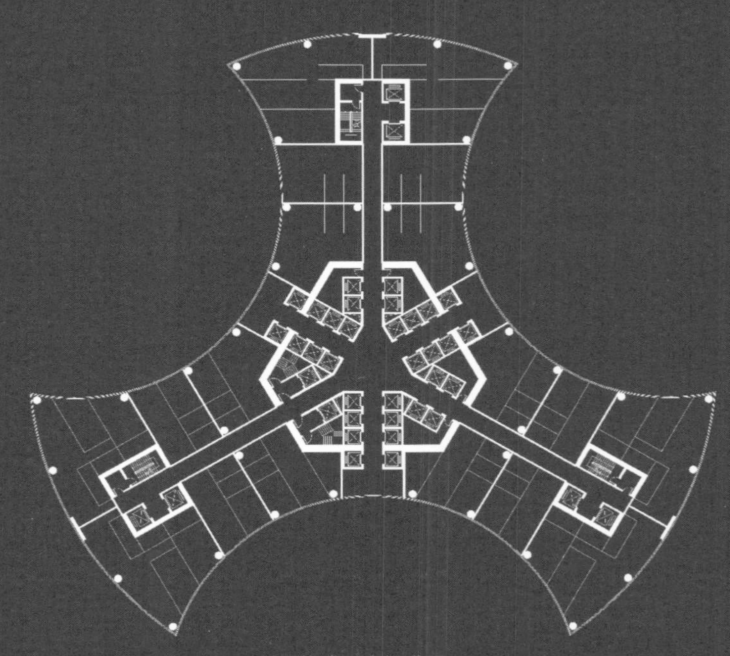

居住式酒店标准层

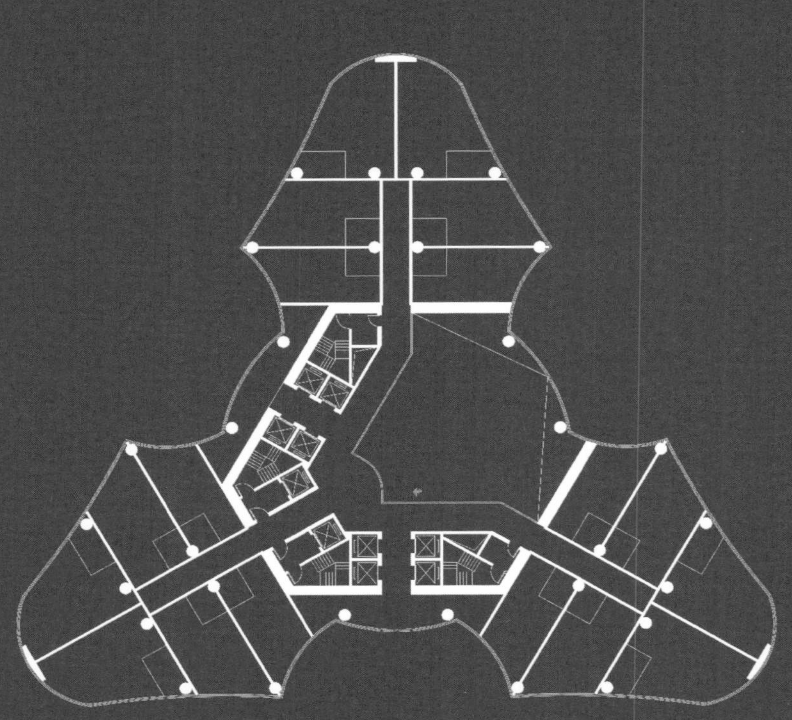

超五星级酒店标准层

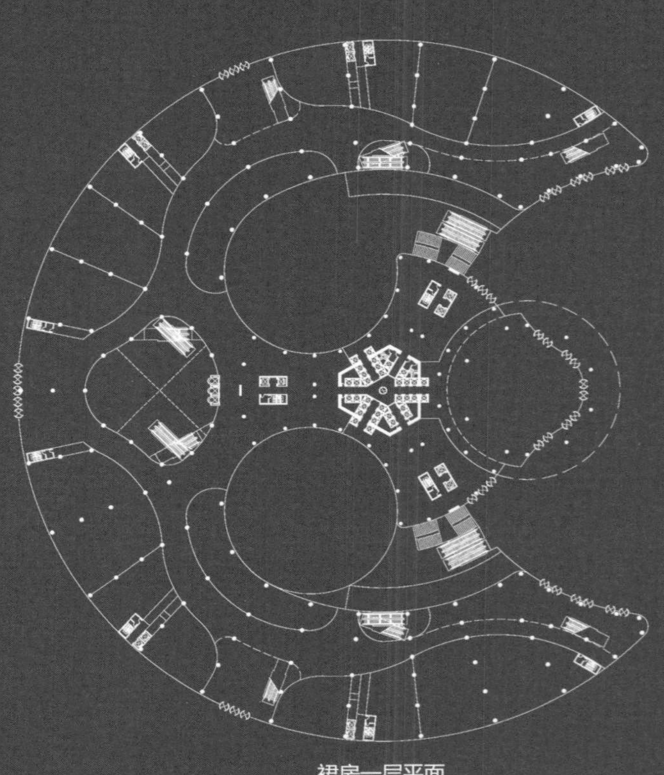

裙房一层平面

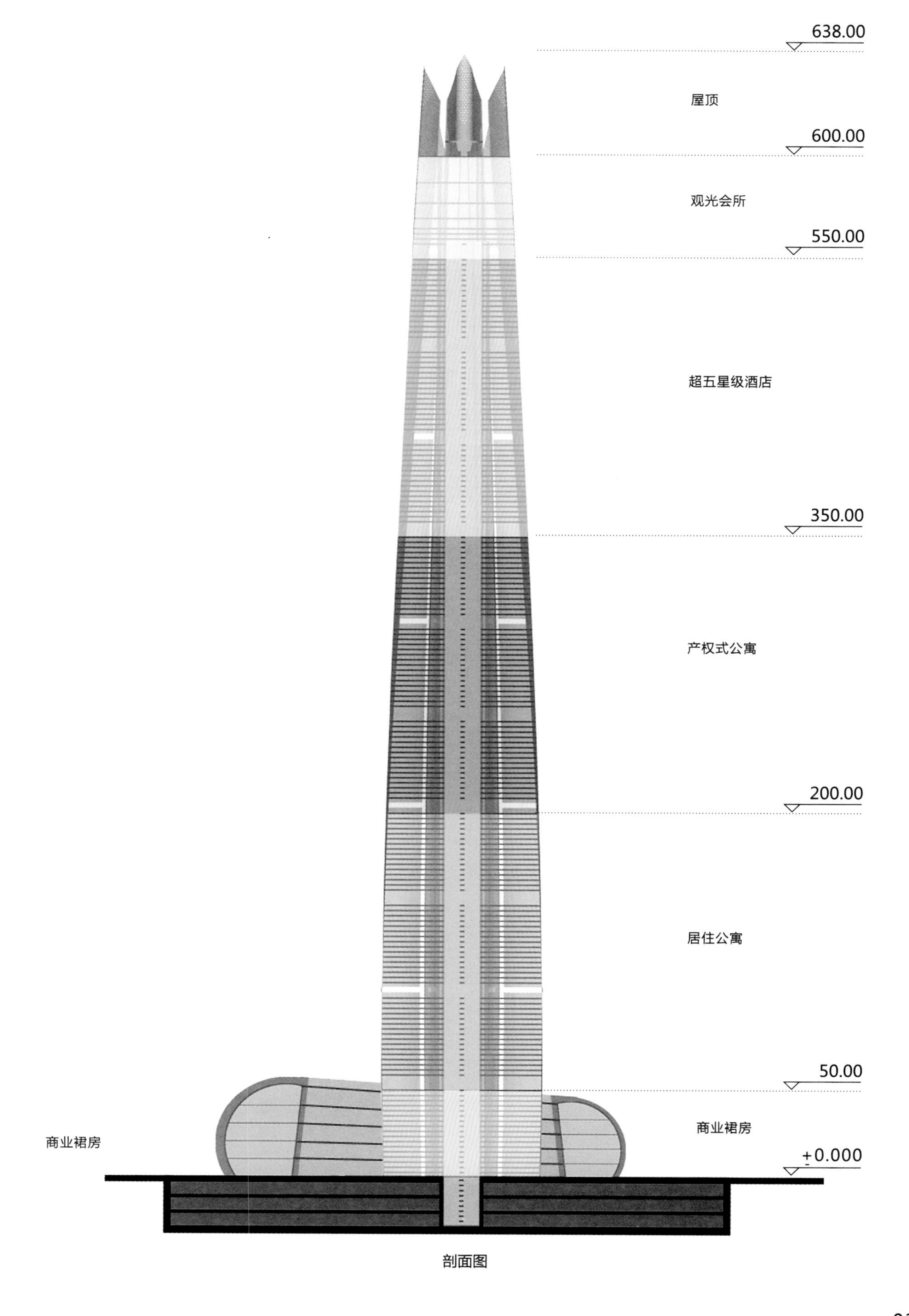
638.00
屋顶
600.00
观光会所
550.00
超五星级酒店
350.00
产权式公寓
200.00
居住公寓
50.00
商业裙房
商业裙房
±0.000

剖面图

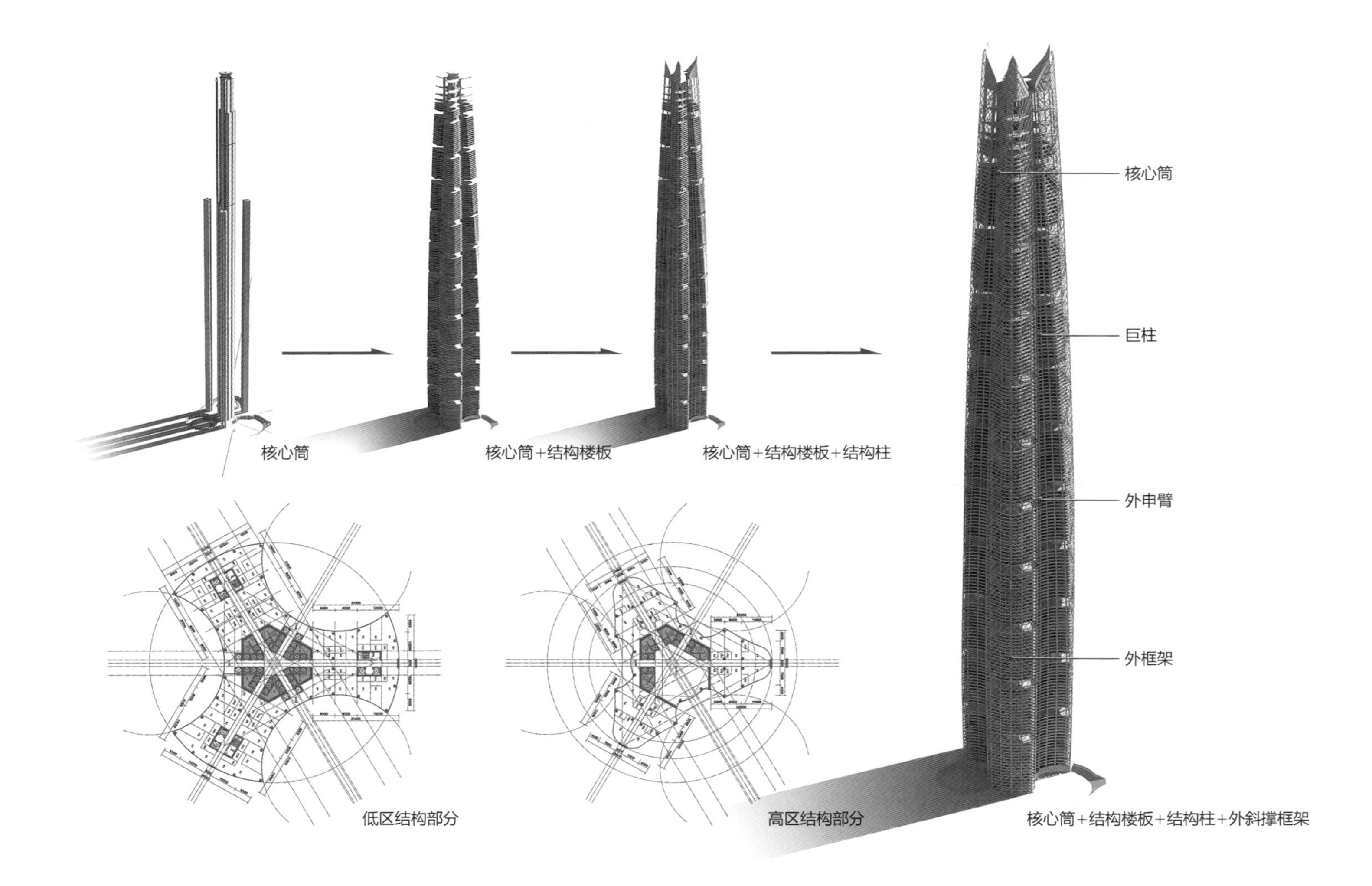

+ **超高层塔楼：**注重文化内涵+概念形态+人性空间+生态功能。通过独特的建筑概念形态，赋予建筑以独有的华西文化，营造人性化空间。

+ **裙楼Shoppingmall：**注重突出“丰富的内部空间+特色业态主题”。打造时尚现代感强劲的外观，塑造曲线动感内部空间，结合水下空间主题，营造独特的体验、时尚、艺术、快乐的购物场所。

+ **广场片区建筑：**注重建筑与环境互融。

+ **沿江岛屿建筑：**注重“水+玻璃+自然地形”结合，充分利用水元素，尊重原有自然地貌，采用通透玻璃收纳自然风光，引入滨水特色。

+ **高尚居住区：**注重“传统建筑符号+素雅自然之美+景观共享最大化+舒适豪华空间”，以现代手法演绎传统文化之美，努力营造一种现代东方奢华美学的居住氛围。

+ 客户名称：江苏华西房地产开发有限公司
建设地点：江苏省江阴市
建筑规模：85万平方米
层数/高度：129层/638米
设计时间：2010年

HUAXI CENTER
638米华西中心

概念方案二

低区平面图

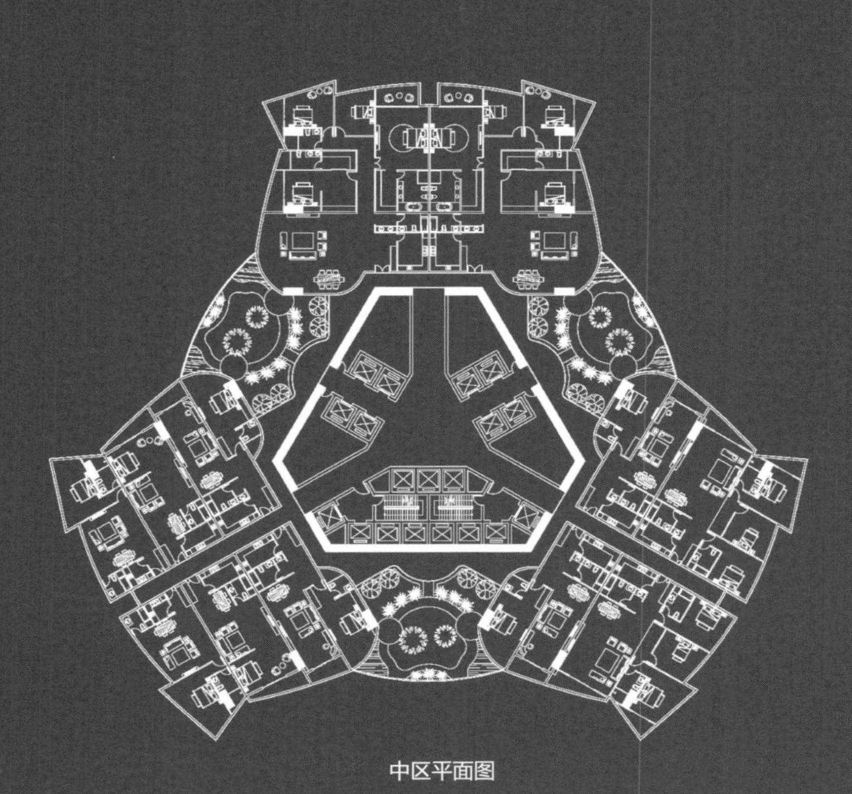

中区平面图

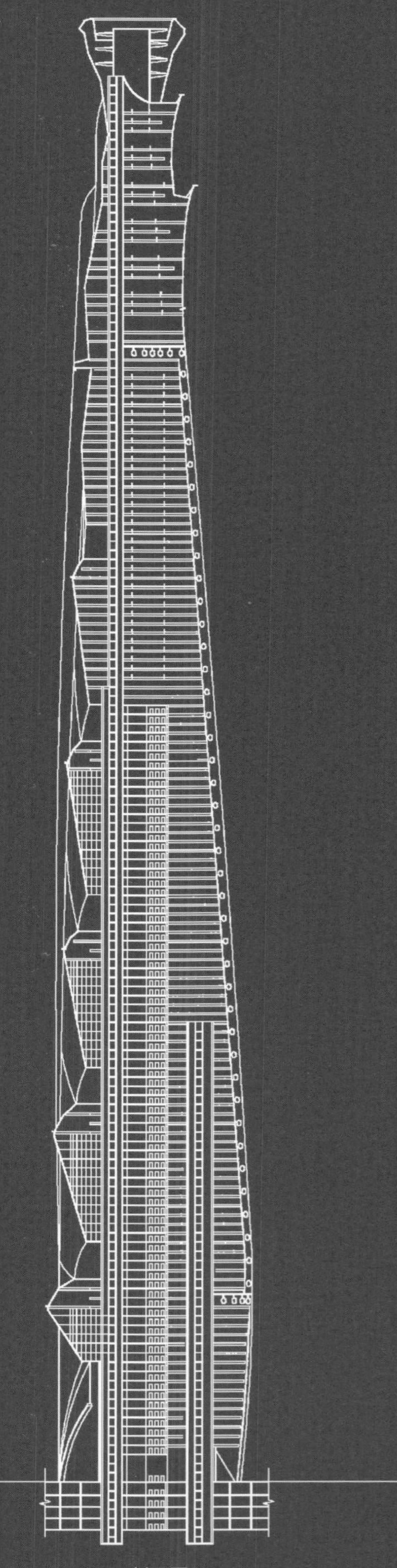

剖面图

客户名称：深圳东海集团有限公司
建设地点：广东省深圳市
建筑规模：51万平方米
层数/高度：82层/308米
设计时间：2006年—2013年
合作设计：香港王欧阳建筑事务所
一期获奖情况：深圳市第十四届优秀工程勘察设计评选一等奖
2011年广东省优秀工程设计二等奖

EAST PACIFIC INTERNATIONAL CENTER
东海国际中心
308米超高层综合体建筑群

项目概况 PROJECT OVERVIEW

东海国际中心位于深圳市福田中心西区，深圳深南大道第一排，毗邻招商银行大厦。项目占地3.48万平方米，总建筑面积51万平方米，是现今深南大道两旁最大的超高层综合体建筑群，也是深圳继地王、赛格、京基后，第4栋封顶的300米以上的超高层建筑。

东海国际中心由5栋标志性建筑构成，包括2栋甲级办公楼、2栋豪华商务公寓、1栋白金五星级朗廷酒店及超过5万平方米的世界级名店商场，其中高达308米的公寓塔楼堪称亚洲第一高公寓。

THE LANGHAM

总体规划布局及设计特色
SITE PLANNING AND DESIGN FEATURES

+ 东海国际中心地块呈规则四边形，总体布局设计在满足用地及规划要求的基础上，充分考虑与周边物业的建筑关系，主楼与周边建筑形成连续的城市界面，将项目沿深南大道展示面较长的优势发挥到极致。

+ 项目采取“轴线式”布局方式，地块西北部布置双塔式商务公寓作为空间制高点，中部布置五星级酒店，东部布置双塔式办公楼，并设计多处主题广场作空间节点，整个建筑组群在曲线干道的串联中不断变换，产生灵动的空间活力。

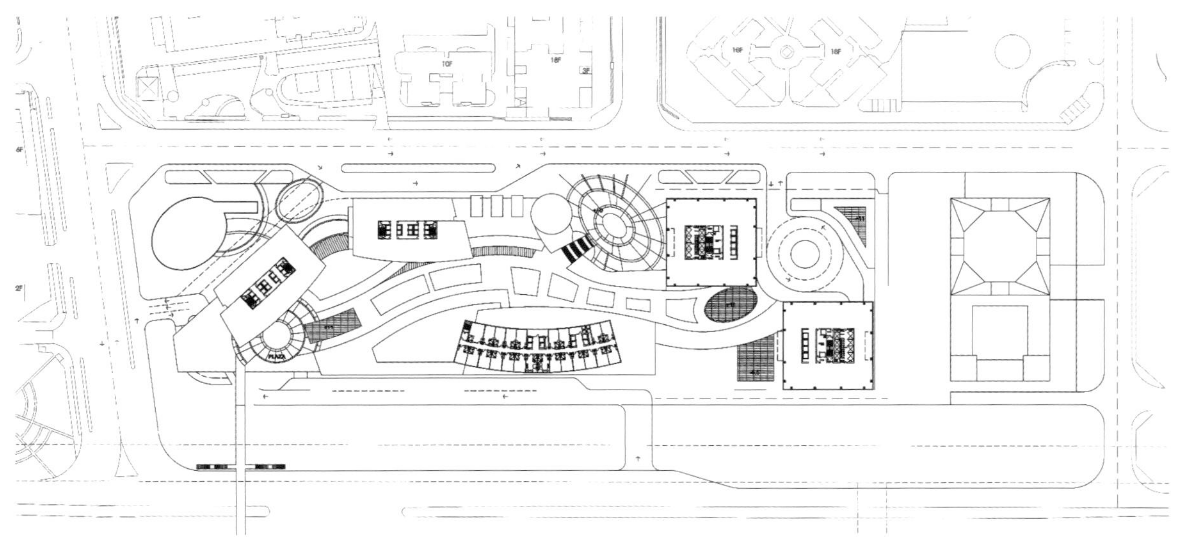

THE LANGHAM
THE LANGHAM

1. 办公楼 OFFICE

+ 办公塔楼设计为西北和东南角相错的正方形，正好与招商银行大厦错开对视点，形成更多面对深南大道的景观面和更多的优质空间。A栋办公楼高201米，共37层；B栋办公楼高150米，共26层。

国际级阔绰尺度

+ 办公大堂约1000平方米，层高17.5米，净高14米，全玻璃，引入自然光线与室内外景观，通透而富有细节，气派辉煌。

+ 标准层层高4.42米，标准层面积约1800平方米，平均柱间距约12米，保证高使用率。

+ 设8.84米高企业大厅，可内建阶梯贯通作复式或相连楼层。

+ 顶层为CEO总裁专属楼层，设有13.36米层高空中泳池、观景露台。

国际化硬件配置

+ 外墙为单元式幕墙，采用新一代四重工艺半钢化三层Low-E夹胶中空玻璃幕墙，隔声、隔热及防紫外线效果显著。

+ 采用双电源专线供电，保障电力供应。

+ 采用美国CARRIER品牌中央空调，每层电脑房可独立配置24小时空调及供电系统。

+ 150毫米架空高级网络地板，光纤/电缆铺设方便。

高效商务配置

+ 每座塔楼配置12部24人2400千克瑞士Schindler高速客梯，2部货梯；配备M10目的楼层及免按钮电梯系统，无需按钮即可直达所需楼层。

+ VIP专用电梯直达办公楼层。

+ 大厦特设总裁VIP专属通道，地下室停车场有专属候车区。

EAST PACIFIC
International
东海国际中心 CENTER

東海

2. 酒店 HOTEL

+ 位于项目地块中部位置的是国际五星级豪华酒店——朗廷酒店——是具有140多年显赫历史的的朗廷酒店集团在中国华南地区的首家酒店，也是继上海朗廷扬子精品酒店、上海新天地朗廷酒店之后，在国内的第三家朗廷力作。

+ 东海朗廷酒店楼高100米，24层，共提供352间客房，包括单间、双套间及行政豪华套间等，房间面积由42平方米到63平方米，附设6家餐厅及酒吧，并设有大宴会厅、多功能厅供各类大型会议、董事会、浪漫婚礼或私人派对使用。酒店沿袭了恒久尊贵的典雅气派，提供令人赞叹的国际超五星级酒店服务。

THE LANGHAM

THE LANGHA

3. 商务公寓 BUSINESS APARTMENT

+ 双塔商务公寓位于地块的西北部分，西侧塔楼高约308.6米，共82层，东侧塔楼高约283.5米，共75层，定位为顶级公寓物业，依托五星级酒店的品牌及服务，为住户提供专享的星级礼遇。两栋塔楼均采用框架–核心筒结构体系，双塔平面呈斜向布置成45度夹角，并在45层至51层之间由一座采用钢结构的弧形连廊连接，设计为空中会所，实现独特的建筑效果。
+ **酒店式大堂**：层高16.5米，设有休息区和服务台，保持舒适环境品质。
+ **标准层**：层高3.2米，楼面面积约1500平方米，提供弹性办公空间。
+ **电梯**：配置多部超豪华高大宽阔轿箱高速客梯。
+ **保安系统**：大堂入口及电梯大堂均设闭路电视，入口装配访客对讲机、智能卡，公共走道全程监控系统；各公寓单位大门设高档密码入户门锁、客厅设对讲系统，主人房间设防盗报警按钮。
+ **配套设施**：公寓提供高级会员专用会所，设有恒温水池、水压按摩池、健身房、桌球室、视听室、美容及SPA水疗等配套设施。

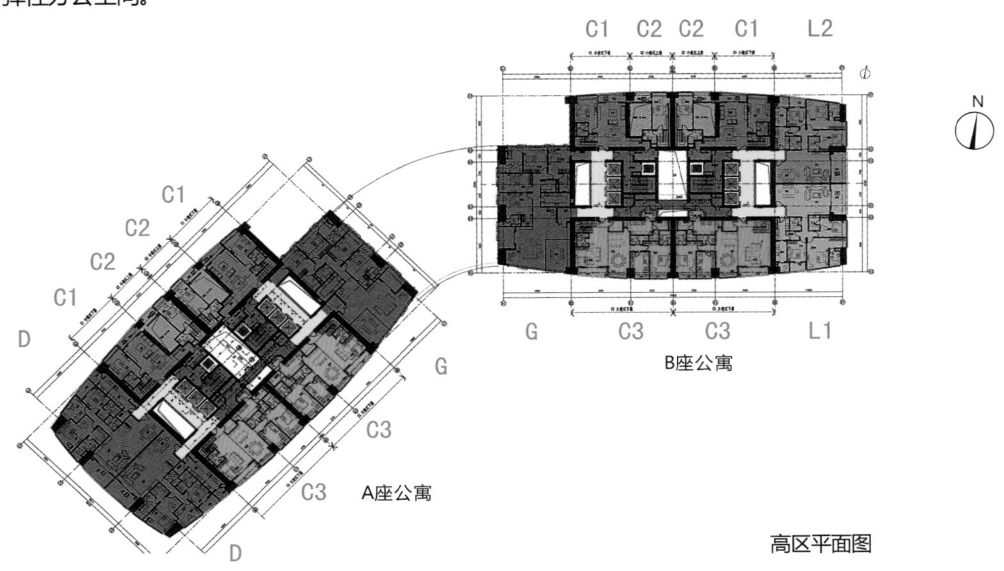

高区平面图

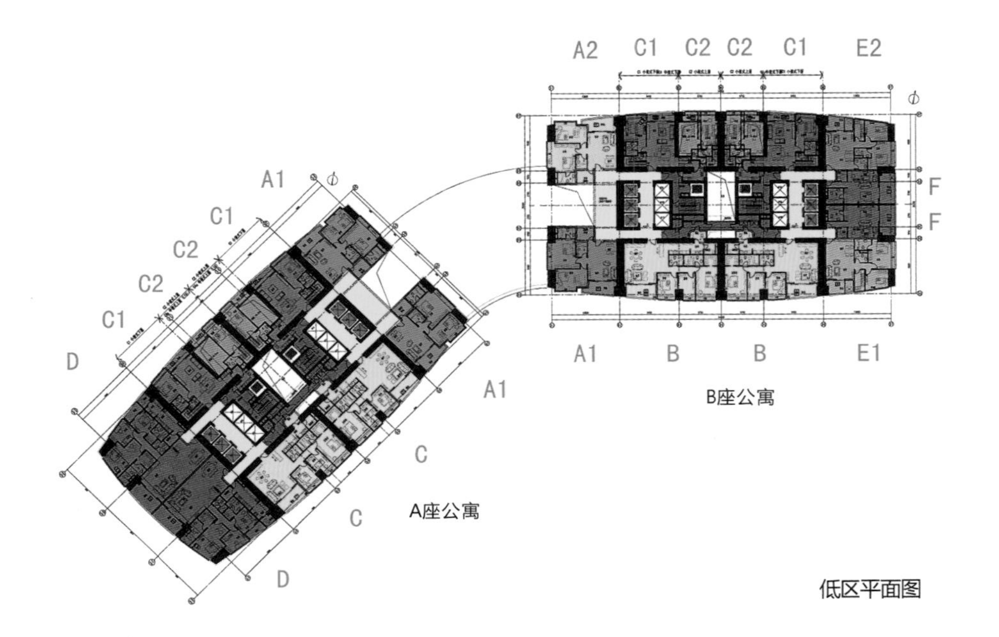

低区平面图

4. 商业 SHOPPING CENTER

+ 东海国际中心商业约6.5万平方米，共四层（其中地下一层、地上三层），贯通地铁一号线车公庙站，定位为集购物、休闲、文化、娱乐、餐饮于一体的中高档地下商业中心，将引进世界一流的餐饮业和时尚的零售商场，成为深南大道旁新的时尚购物场所。

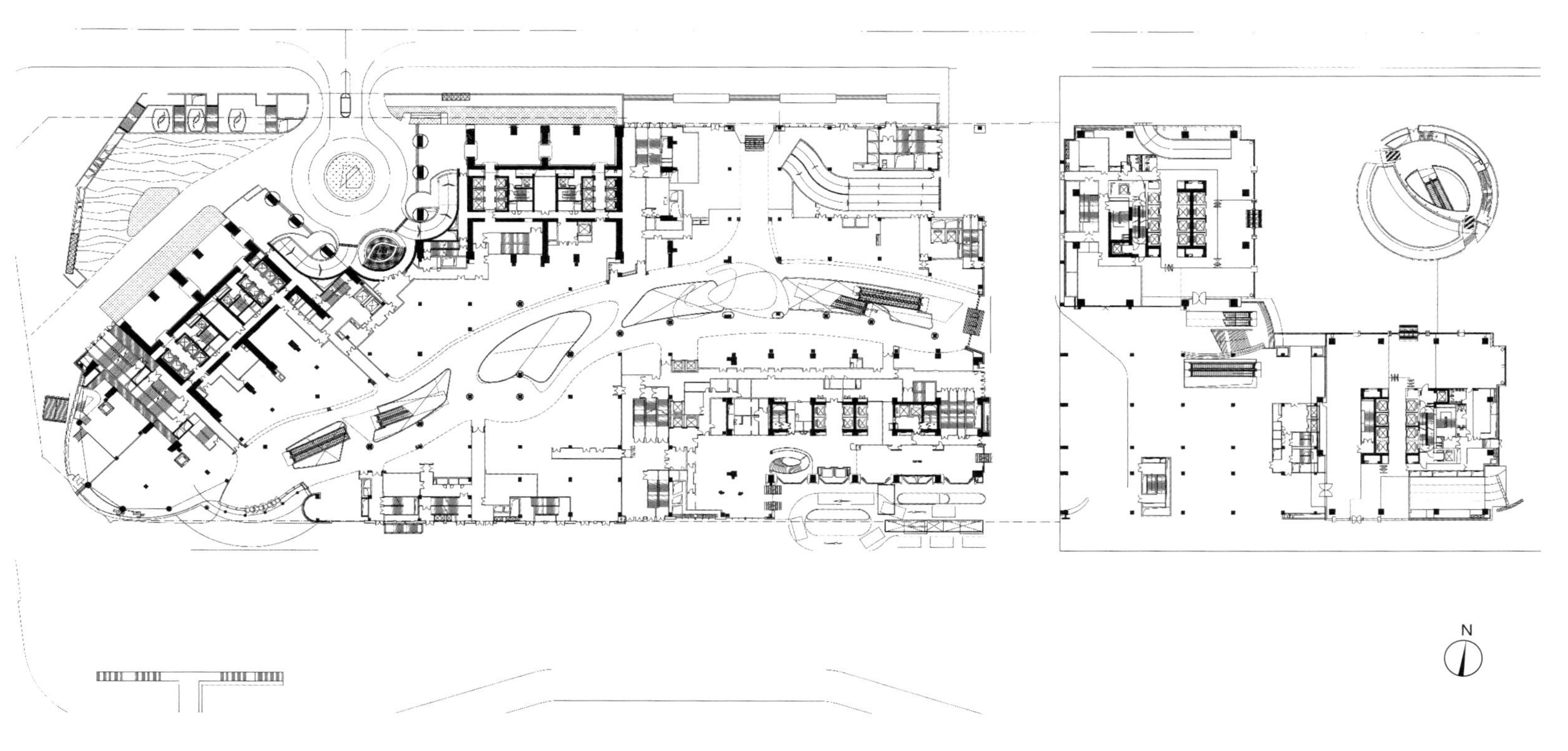

一层平面图

+ 客户名称：东莞金茂建造开发有限公司
项目地点：广东省东莞市
建筑规模：26万平方米
层数/高度：68层/289米
设计时间：2005年
合作设计：雅门建筑师事务所

TBA TOWER
环球经贸中心
289米东莞第一高企业总部地标建筑

项目概况 PROJECT OVERVIEW

+ 环球经贸中心坐落于东莞大道与鸿福路交汇处东侧，位居东莞市中心CBD核心区，集商业、酒店、商务办公及餐饮休闲等功能于一身，是珠三角经济圈企业总部，东莞第一高地标建筑，同时荣获国际LEED-CS金级认证，是世界单体最高体量最大的绿色摩天大楼。

总体规划布局 SITE PLANNING

+ 项目占地面积3万多平方米，地上68层，高289米，总建筑面积28.2万平方米。其中地下室（B1~B4层）约8.2万平米，设置1379个机动停车位、300个非机动停车位；裙房（1~4层）是约4.9万平米的精品商业，涵盖精品、娱乐、休闲、餐饮等业态；副楼（5~12层）是约3.3万平米的SOHO办公区，为中小型公司以及个人工作室提供最佳的办公平台；塔楼6~63层是约11.6万平方米的5A甲级生态写字楼，65~68层是空中会所。

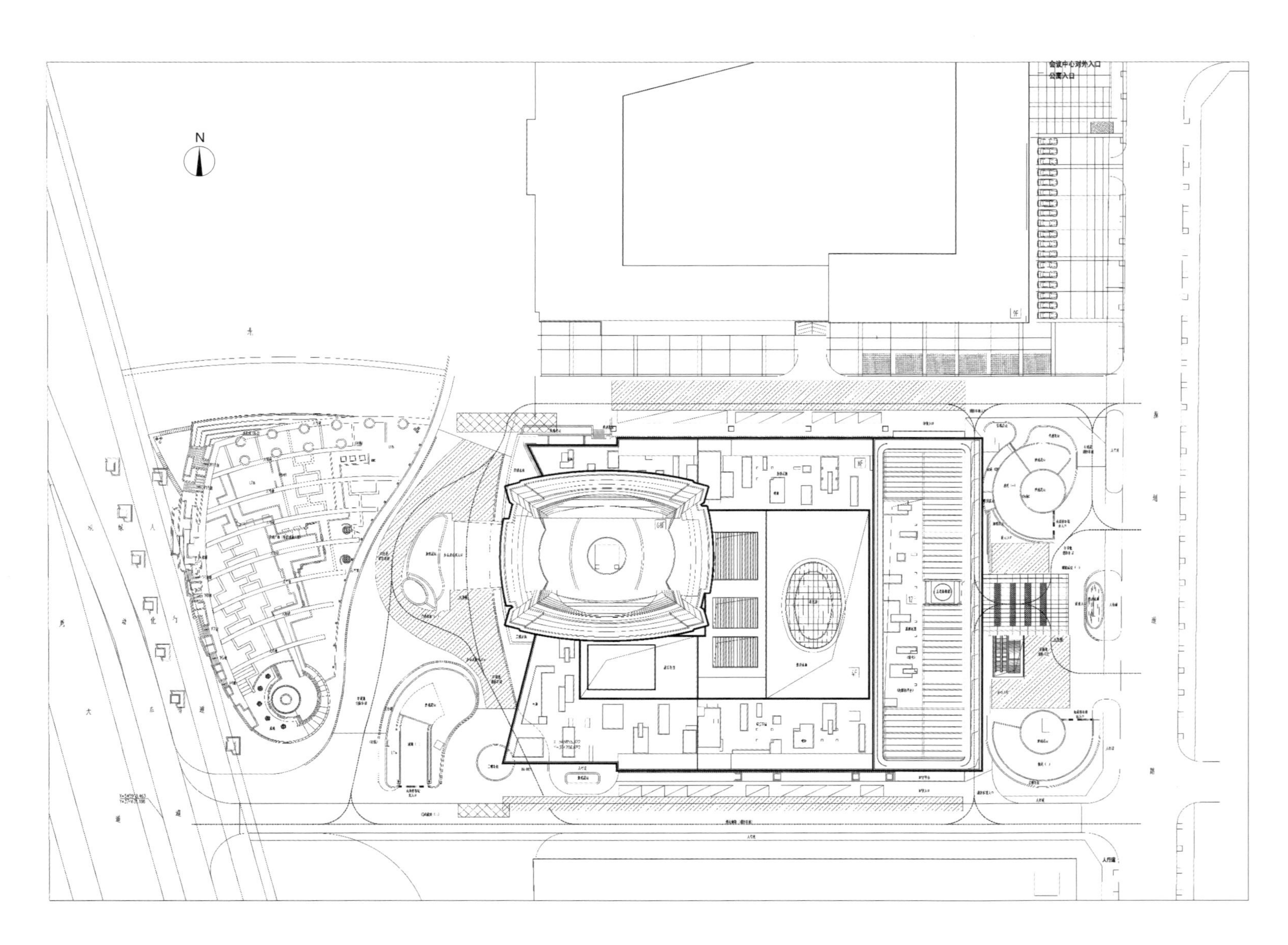

总平面图

设计特色 DESIGN FEATURES

五大建筑理念 FIVE ARCHITECTURAL CONCEPTS

笙的概念

+ 建筑外观形式以古乐器“笙”为原型，象征台商们奋斗精神的代言与发声，隐引台商投资大陆创业聚结着“生生不息”和“节节高升”的情感。

鱼的曲线

+ 建筑整体设计上以“鱼曲线”诠释建筑的优美，取“鲤鱼跃龙门”、“年年有余”聚财之意。造型依据生物气候设计法则，并在考量高层建筑的风压和节约能源的同时，以建筑外部“导风设计”和内部空间“引风计划”形成一座会自然呼吸的建筑。

祈福的寓意

+ 大厦顶端的曲线形状为呈互击状的两只手掌，寓意台商在东莞土地上播撒创业种子，挥汗耕耘。

山水城林的城市

+ 东莞素有“山水城林”之称，亦表达“山水城林”之意，并具环保、科技、生活之尖端建筑。

历史与传统

+ 大厦的鱼鳞幕墙，灵感来自中国传统屋瓦的巧思。尊重原生与传统，也是全球精英奋斗耕耘的精神而竖起的一座团结里程碑。

剖面图

六大设计主题 SIX DESIGN THEMES

绿色

+ 建筑景观在空间布局上以南北起伏走向为中心视觉景观轴，以点状景观横向分布，并以立体的空间形态创造新的场景。

生态

+ 利用各楼层的环形通道，将室外的自然新风导入建筑物内。

节能

+ Low-E玻璃幕墙外墙采用鱼鳞状幕墙框架体系，幕墙采用Low-E中空玻璃，降低人工照明耗能和冷气损耗。

  冰蓄冷中央空调办公区采用温湿独立控制系统，裙楼大开间区域采用冷温送风系统结合，低温冷源采用冰蓄冷系统，高温冷源采用高效离心主机。

环保

+ 垃圾管道处理系统：垃圾采用管道收集，将垃圾分类实现节能环保。

舒适

+ 采用高效平稳智能化电梯和独立的新风换气系统。

安全

+ 可靠稳定三电源供应：采用三电源供电，分别从2个不同的电源点引入供电线路。

+ 消防、避难设计项目：9层/21层/37层/53层/64层/屋顶设计有避难层，聘请国家级消防研究所，利用各种国际先进的软件进行模拟分析、消防性能化设计。

+ 建筑抗风压设计：通过风洞实验数据提供准确的设计参数，结构计算更合理、安全。

+ 建筑抗震结构设计：进行大震下的弹塑性有限元分析，并通过各种加强措施确保在7度大震下屹立不倒。

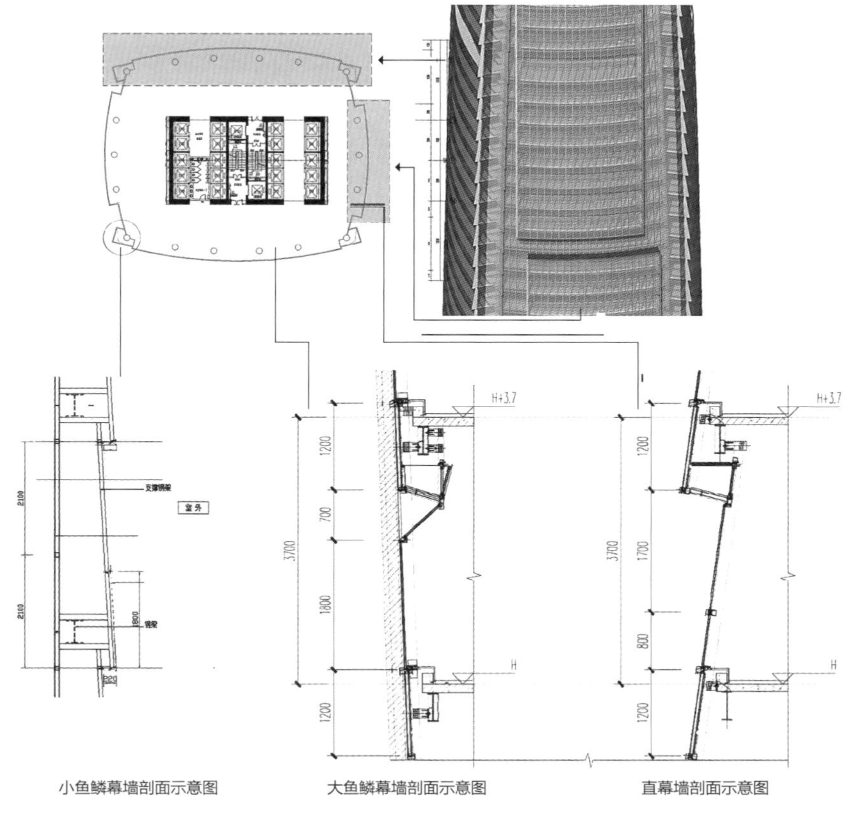

幕墙构造图

LEED认证

+ 项目已通过美国绿色建筑评估体系，取得“美国LEED-CS金级预认证”。到目前为止，在全球已建或在建的项目中，本项目是取得LEED-CS金级预认证单体最高、体量最大的建筑。

+ LEED-CS的认证级别和主要指标

类别认证	得分	节能量(%)	附加成本(%)
认证级	23~27	10~20	0~5
银级	28~33	20~30	5~10
金级	34~44	30~40	10~15
铂金级	45~61	40或以上	15或以上

TBA TOWER依据“LEED-CS”要求规范，每年可为大厦节约大量的使用成本，提升物业价值

+ 生物气候建筑设计，能耗节能对比上追求30%的节能量。
+ 能源利用与大气保护上以自然呼吸设计加绿色新风系统。
+ 雨水绿化浇灌与中水冲厕和冷却塔补水，绿化节水100%、自来水损耗减少20%。
+ 冰蓄冷空调系统，实现温度、湿度的精确控制，更高的热处理效率、更环保节能。
+ 建筑幕墙采用Low-E中空玻璃，保温性强、减少冷气损耗，抗紫外线、透光度自然、降低人工照明耗能。
+ 施工管理过程：废物利用及回收率达75%；认证木材50%获得FSC管理认证；地方/地区物资，20%在本地购取、制造。

中航紫金广场
AVIC ZIJING PLAZA

+ 客户名称: 中航国际、紫金矿业
  项目地点: 福建省厦门市
  建筑规模：21万平方米
  层数/高度：41层/194米
  设计时间：2011–2012年
  合作设计：英国V×3 ARCHITECTS

AVIC ZIJING PLAZA
中航紫金广场

194米海峡金融中心

项目概况 PROJECT OVERVIEW

中航紫金广场位于厦门思明区会展北片区，由中航国际和紫金矿业两家世界500强企业联袂开发，是“十二五”福建省及厦门市的重点工程。中航紫金广场不仅是央企中航国际和紫金矿业的海西区域总部，同时也是一座集高端商业、现代办公、国际五星级酒店、高级公寓于一体的多功能复合型综合体。项目包括两栋甲级写字楼“中航大厦”和“紫金大厦”、天虹商场在海西的高端连锁零售店“君尚旗舰店”和“万豪五星级酒店”。

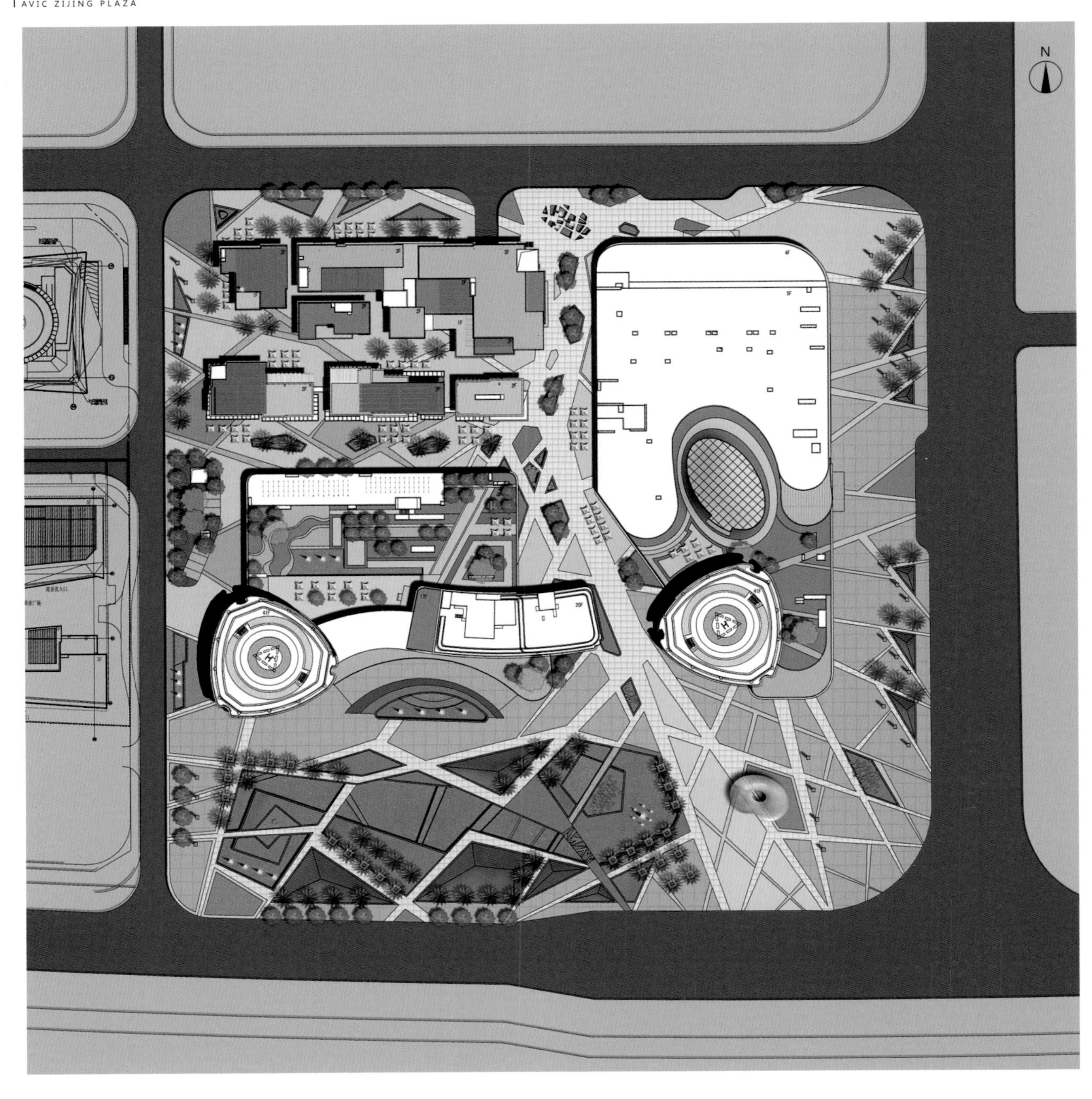

总平面图

总体规划布局及设计特色
SITE PLANNING AND DESIGN FEATURES

1. 规划原则 PLANNING PRINCIPLES

+ 在保证中航国际、紫金矿业双方产权相对独立和管理运营独立的基础上使双方平均享有用地及海景资源，同时保证双方物业均好，为各自创造最大商业价值；充分利用两个甲方的业态互补，在内部流线上打通经脉，使双方共享人气，提升物业价值；在建筑形象上，既保证物业能体现各自的企业特征，亦保证项目的整体感及协调感，共同打造片区地标超高层建筑群。

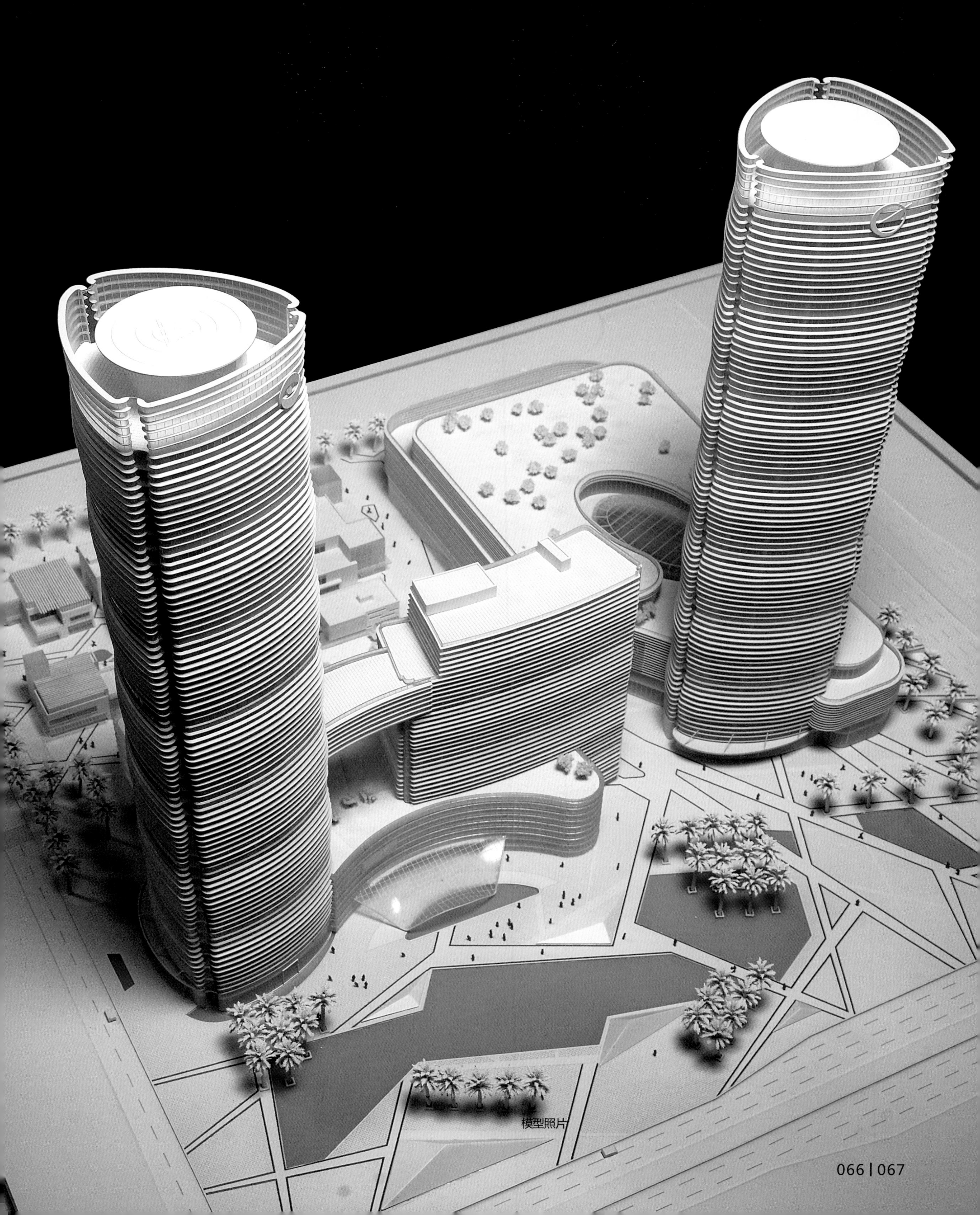

模型照片

模型照片

2. 总体规划布局 SITE PLANNING

+ 用地东北角和东南角分别布置一栋总高194米的办公塔楼，整体造型以三角形平面为基本原形衍生出流线型双子塔造型，形成沿环岛路标志性建筑，并与周边规划中的建发大厦、监管大厦和海峡国际交流中心的四栋高塔完美融合，塑造会展北片区高端商务形象。同时，三角形型体创造了最大临海面，为企业提供高质量的海景办公单位，提升了物业价值。

+ 东侧中部布局一栋21层、高79米的五星级酒店，形体为圆润的短板造型，朝东向全海景，提升酒店的品质。4层酒店裙楼分别与酒店塔楼和紫金办公塔楼相连。结合东侧的绿化景观带留出完整的空间，作为酒店的主出入口，形成相对独立、安静的酒店门厅区域，绿化景观从室外渗透到室内，提升酒店的品质。

+ 用地北面规划天虹君尚的5 层大型商业，商业三面临街，使商业价值最大化。

+ 用地西南侧规划可售商业，按岛式商业街模式，2~3层布局，空间变化丰富，错落有致。

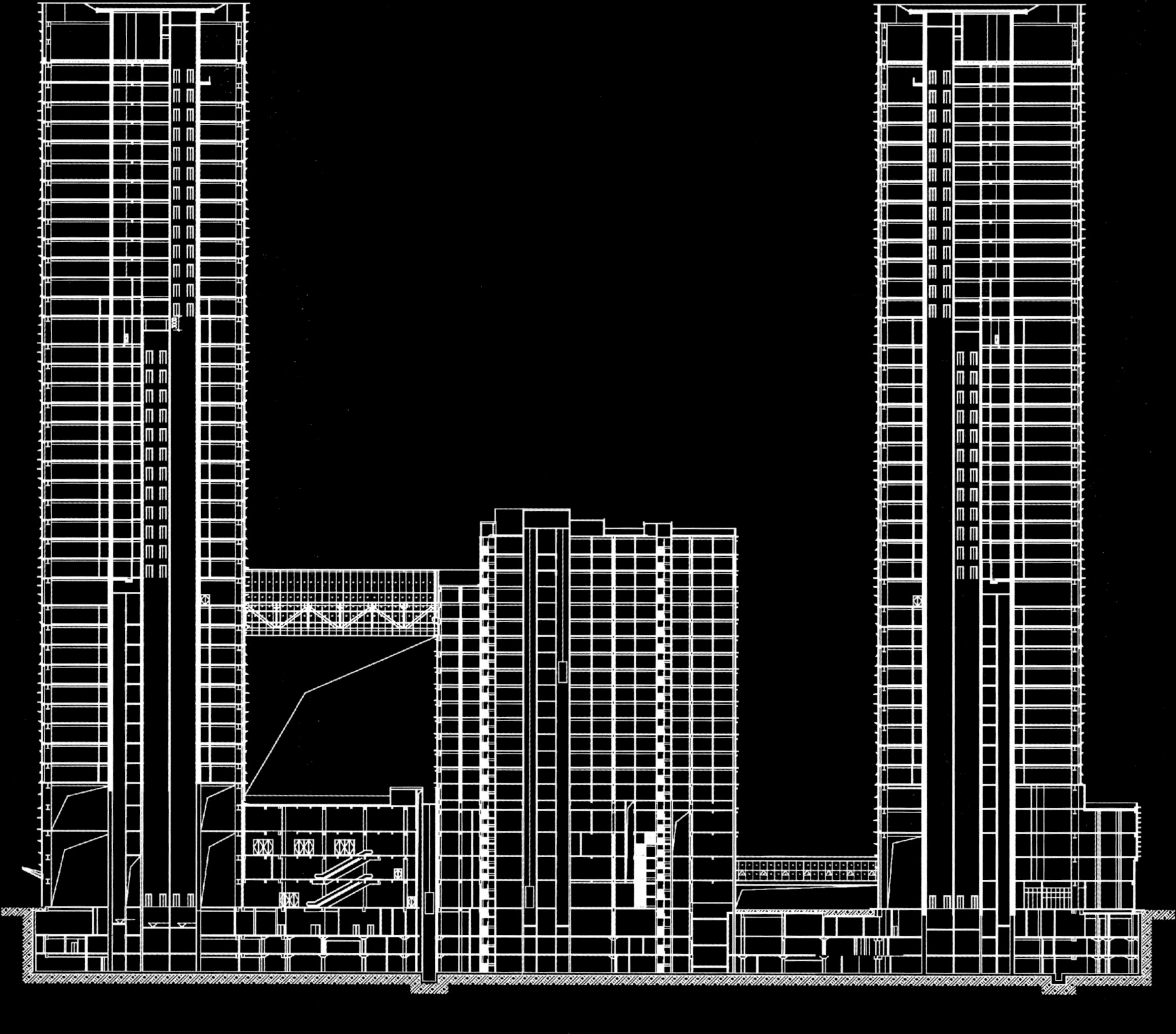

剖面图

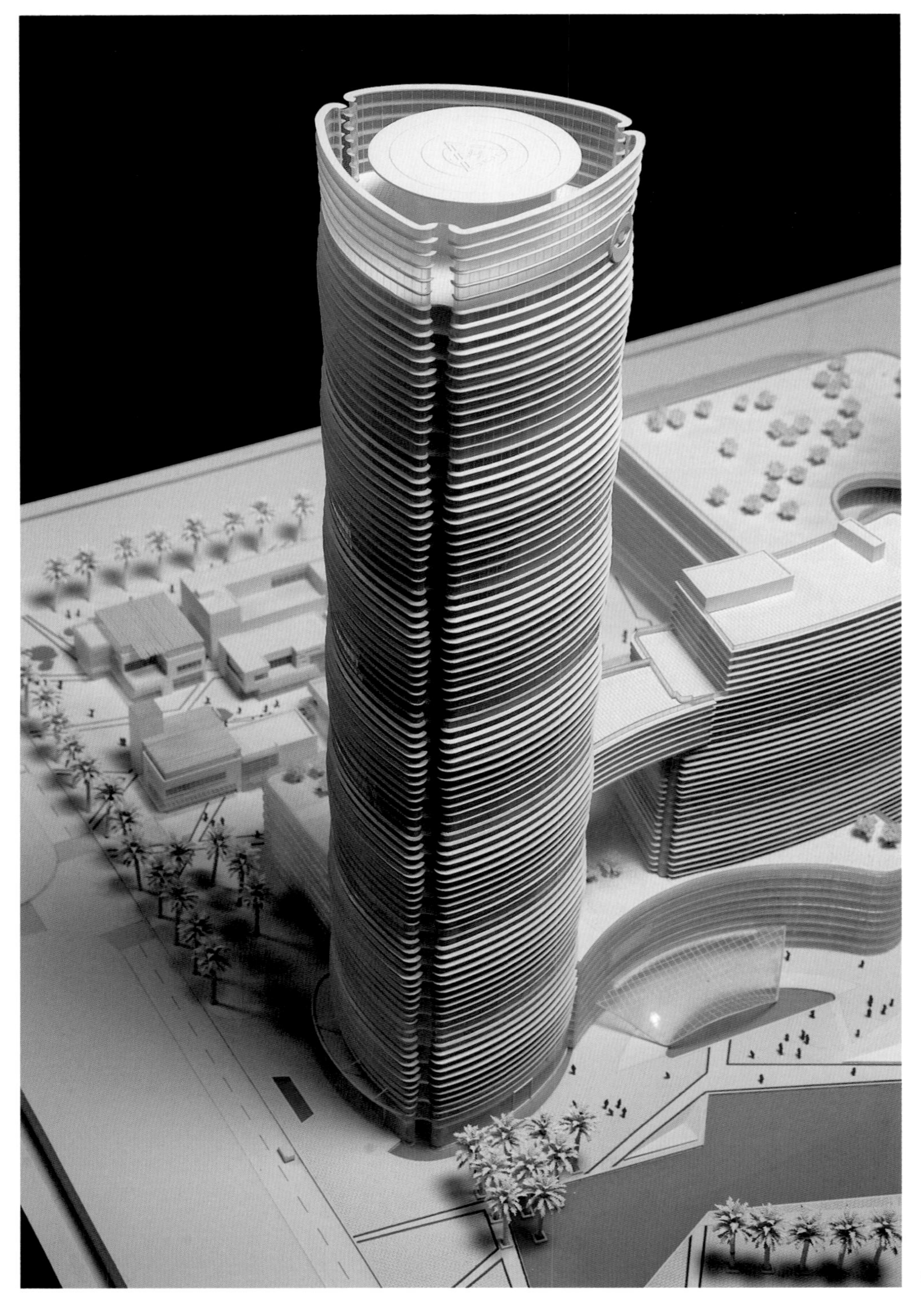

模型照片

办公楼设计 OFFICE BUILDING

+ 两栋主体办公楼基本单元平面为三角形，最大化利用海景资源，达到100%海景单元。

+ 核心筒布置于偏西位置，使享有海景办公区域达到最大化。办公单位以10 米面宽和10 米进深的柱距为主，可以灵活组合为大小不同的弹性空间，端部单位还可以合并成为270 度视野的景观单位。办公室层高4.2 米，装修后可达到3.1 米净高，空间舒适开敞。

+ 办公大堂位于首层，细分为持有型办公大堂和可售型办公大堂，结合电梯低、中、高区布局，形成有序组织的垂直交通。两个大堂位置错开，均有两层通高，两层通高的开敞空间，层高达11.1 米，给客户以大气恢宏的空间效果，提升写字楼的整体品质。

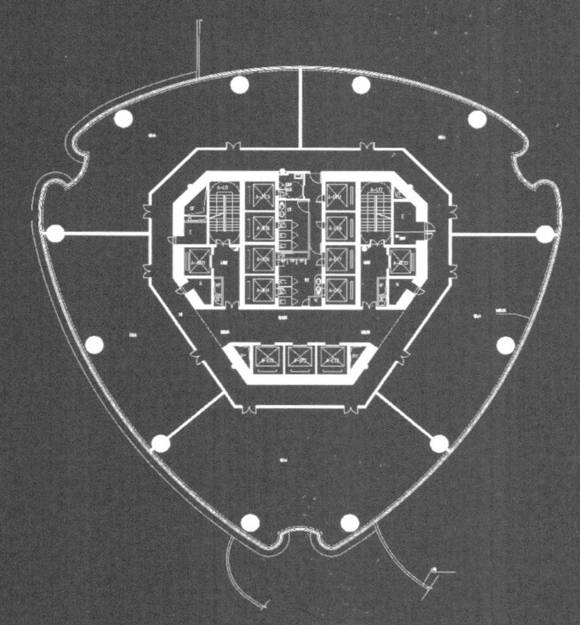

A# 办公塔楼6层

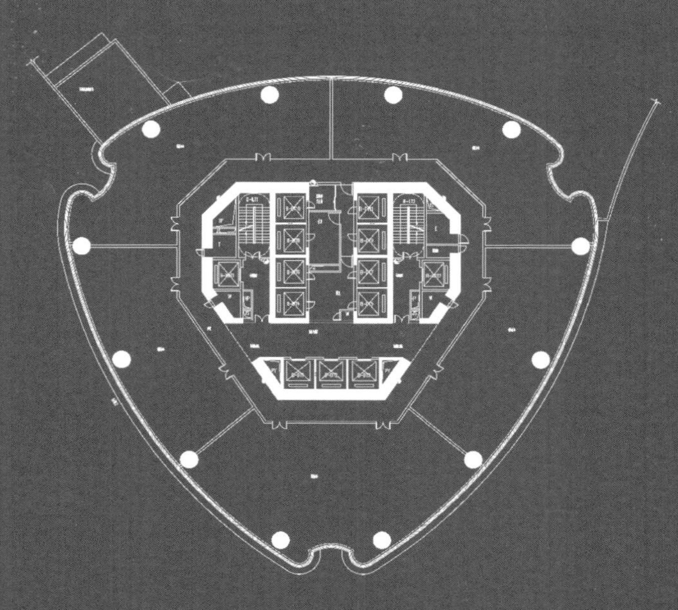

B# 办公塔楼6层

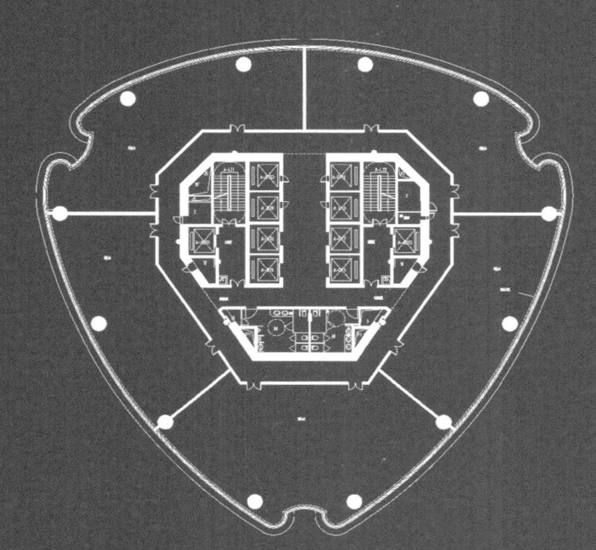

A# 办公塔楼17~27层

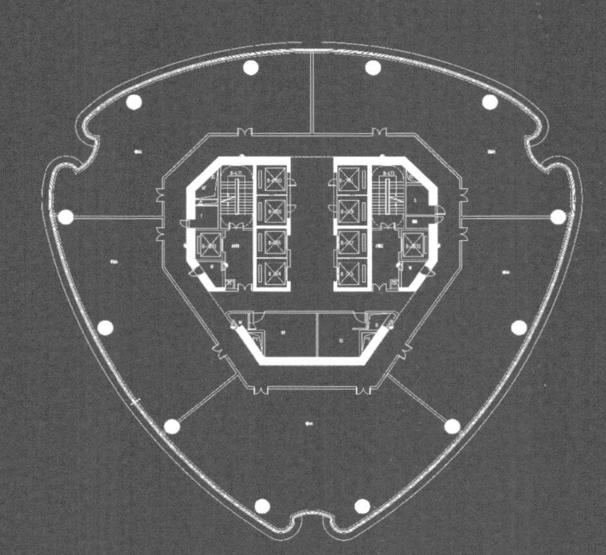

B# 办公塔楼17~27层

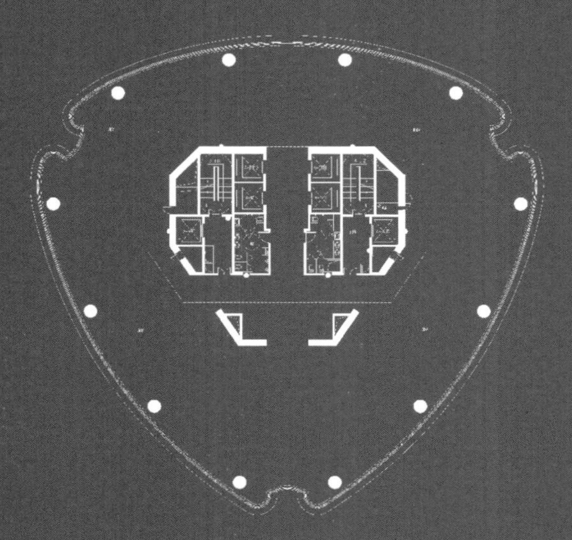

A# 办公塔楼30~39层

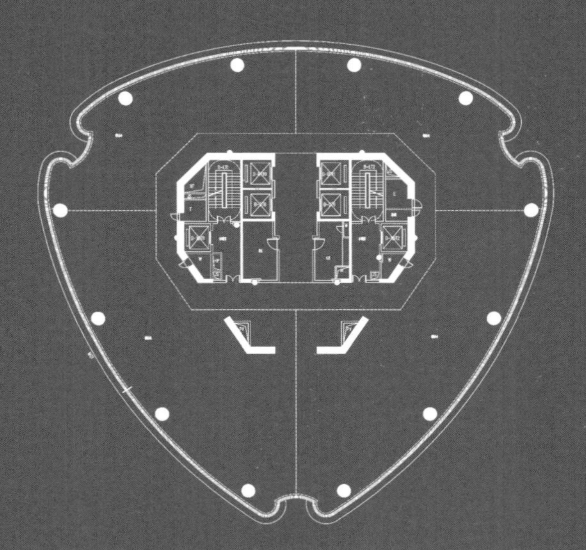

B# 办公塔楼30~39层

模型照片

酒店设计 HOTEL

+ 中航紫金广场引入的万豪酒店是享誉全球的万豪国际旗下之旗舰品牌，拥有逾70年历史，酒店数量遍布全球，超过470家，将“服务精粹”的定义发挥得淋漓尽致。

+ 酒店标准层平面为双面通廊式布局，每间客房面宽4.5~4.8 米，进深9 米，卫生间空间开敞，布置四件套卫生洁具，在同类产品中处于领先位置。核心筒靠边居中布置，设置自然采光电梯厅及六部客用电梯，一部消防电梯，一部专用货梯，并与疏散楼梯、服务间、管井形成紧凑的布局形式。酒店大堂结合大堂吧、西餐厅共同构成2000 平米左右的开敞空间，视线通透，与海景相得益彰。酒店的配套餐饮、会议中心、康体中心均与集中商业形成良好的互动，保证对内对外的双重功能需求，充分发挥其自身价值。

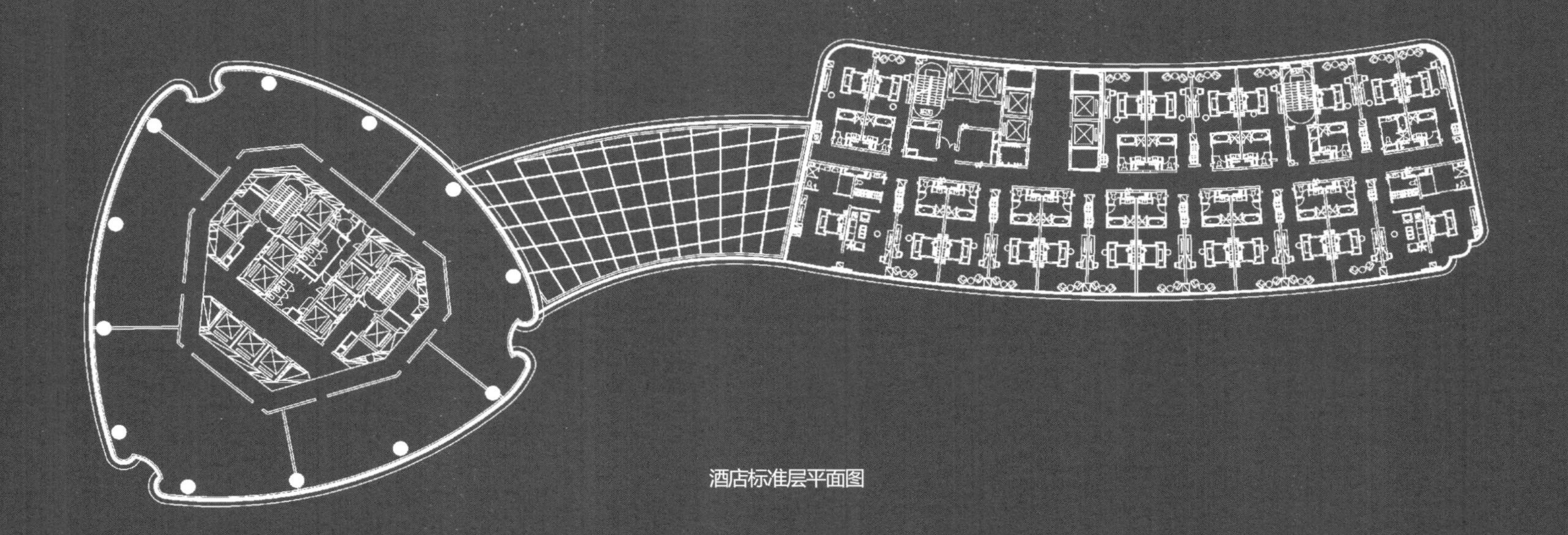

酒店标准层平面图

酒店一层大堂平面图

dreams
君尚 plaza
dreams
君尚 plaza

天虹君尚百货效果图

商业设计 SHOPPING CENTER

+ 商业部分包括约4万平方米的天虹君尚百货及约1万平米的可售商业街。

+ 用地北面规划5层君尚百货，是国内百货连锁巨头——天虹商场高端百货品牌“君尚百货”在海西的旗舰店。各层设置不同建筑层面的主题酒吧、餐饮、精品店，结合景观中庭与入口主题广场等室内外各种空间的创意打造，创造丰富而精彩的公共空间。从地面到地上五层公共空间丰富变换，在创造连贯的商业流线的同时，给人们带来多方位的感官愉悦与享受。

+ 用地西南侧设置约1万平方米的可售商业。结合城市商业人流方向，在基地机动车道路旁设置下客点，充分吸引人流进入。全方位的立体空间设计将商业空间和周边环境有机融汇，创造一个令人流连忘返的休闲商业体验场所。

可售商业效果图

客户名称：世茂集团
建设地点：福建省厦门市
建筑规模：35万平方米
层数/高度：64层/300米
设计时间：2010年
合作设计：美国GENSLER建筑设计事务所

SHIMAO COSMO
世茂海峡大厦

300米中国第一双子塔

项目概况 PROJECT OVERVIEW

世茂海峡大厦位于厦门海上门户厦港片区，东依千年古刹南普陀和百年名校厦门大学，南止演武大桥，西望海上花园鼓浪屿，北靠万石植物园与五老峰，地块周边未来政府规划为创意文化产业中心。项目集希尔顿五星级酒店、高端商务办公、购物、休闲、娱乐、餐饮等功能于一身，建成后将成为厦门岛内新标志性“双子塔”建筑，丰富海岸建筑天际线，提升厦门城市形象。

设计理念 DESIGN CONCEPT

+ 项目设计意图是让建筑适应独特的基地环境以及景观特点符合基地与海景的联结并让建筑成为厦门天际线的亮点，通过创造地标建筑提升厦门现代化城市形象及提倡可持续发展的理念。

+ 方案设计包含了强烈的形象，通过几何对称的方式，把基地的历史文化含义以一种不同的手法表现出来，两座塔楼就像两张优雅的风帆屹立在海湾，静待扬帆起航。纯净的形式创造出强烈的基地形象，成为面对鼓浪屿方向的视觉高潮。沿着城市道路从不同角度观察建筑时，风帆造型的塔楼仿佛对应着海浪节拍，演奏出动人的海上乐章。

总体规划布局及设计特色
SITE PLANNING AND DESIGN FEATURES

+ 基地分成两块，中间有规划路穿过。南侧用地呈长方形，长向沿海边，邻演武大桥。南侧用地布置商业、办公、酒店及其附属功能，北侧用地布置绿化公园和小型商业。整个基地共布置A、B 两座300米高超高层建筑和裙房，塔楼A与塔楼B尽量分开布置，距离约89米，以创造出通透的城市空间。为了减少两栋楼之间对视干扰，塔楼B向西扭转25度，不正对厦大医院，同时形成一个主入口广场，营造出公共空间焦点，并突出超五星级希尔顿酒店的主入口。

立面图

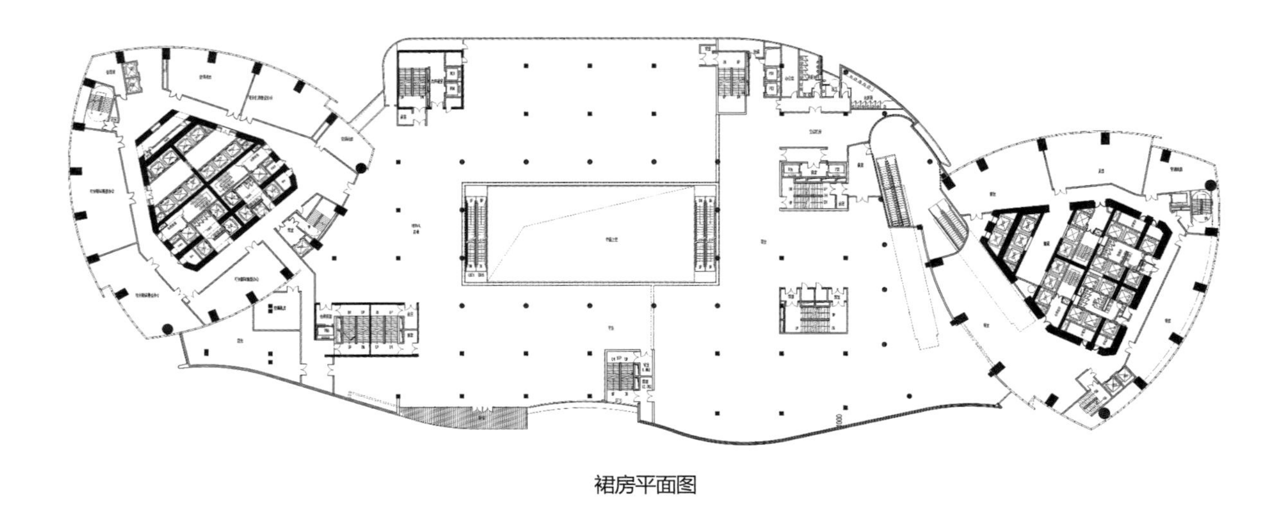

裙房平面图

裙房剖面图

裙房 PODIUM

+ 裙房沿A1+A2 地块东西向设置，连接A 塔楼和B 塔楼。裙房商业与A3 地块低层小面积商业呼应形成商业街。裙房的主入口设在沿横一路的A1+A2 地块北侧，正对整个综合体的主要人流方向，并与B塔楼的北侧车道与酒店的主入口适当分隔。裙房共六层，集高定位商业——集世茂百货、世茂影城、儿童娱乐、多媒体体验、书吧、茶室和美食广场为一体的城市生活中心。其内部的商业内街和垂直向的自动扶梯将人流逐渐导向三层以上沿海层叠设置的观海露台。在购物娱乐之余尽可远眺鼓浪屿的美景。裙房在三层沿海设计的中庭可将海景和自然光导入室内。得天独厚的位置和精心设计将打造一个几乎独一无二的休闲购物中心。裙房在六层靠近B塔楼一侧设有酒店的宴会厅，由底层的独立入口门厅和自动扶梯进入。

塔楼A TOWER A

+ 塔楼A高300米共64层，8~27层是分隔销售型办公区，29~64层为SOHO办公区。塔楼核心筒交通既满足用户上落的要求和消防规范的要求，同时非常有利于办公单元的划分，可以获得较高办公建筑的实用率；塔楼平面基本为三角形，亦使办公空间充分享有海景资源。

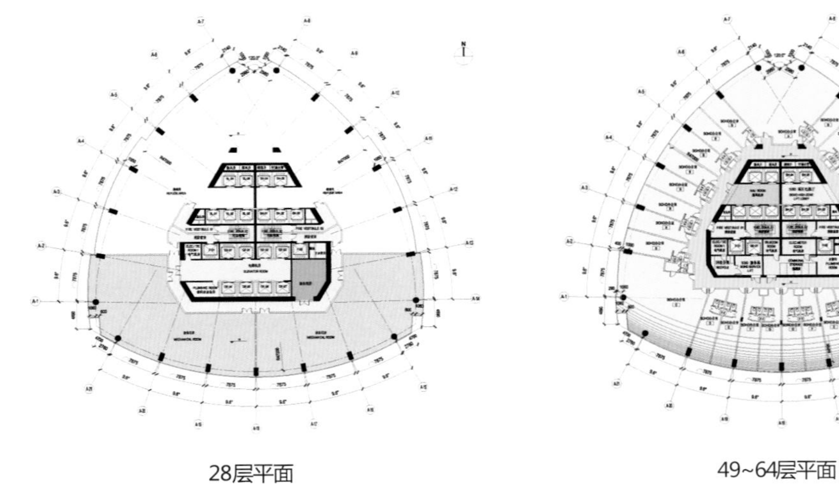

28层平面

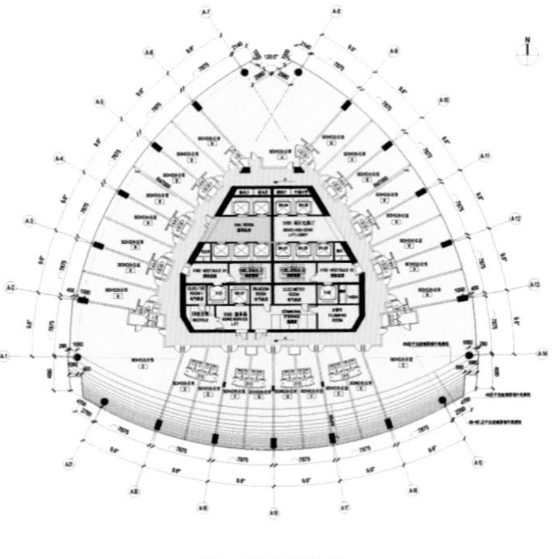

49~64层平面

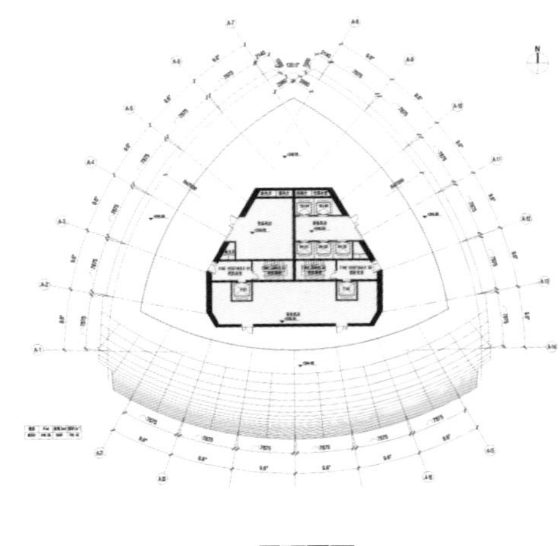

屋顶平面

塔楼B TOWER B

+ 塔楼B高300米共55层，底部6层为包含世茂百货及世茂4D影院在内的高档商业，8~18层是分隔销售型办公区，20~35是甲级办公区，37~54层是五星级酒店。进驻世茂海峡大厦的酒店是希尔顿酒店集团旗下最高级别的超豪华CONRAD酒店，酒店以希尔顿创始人——康莱德·希尔顿（CONRAD HILTON）的名字命名，是希尔顿集团的集大成者，目前在全球仅17家，高端性确定无疑。

+ 塔楼平面基本为三角形，最大化地利用到海景资源；酒店客房内部走廊弧形曲线增强了客房的私密性；核心筒内按照电梯流量布置客用电梯，两部消防电梯兼做服务电梯，设备用房、布草间均布置在核心筒内，功能组织合理、顺畅。

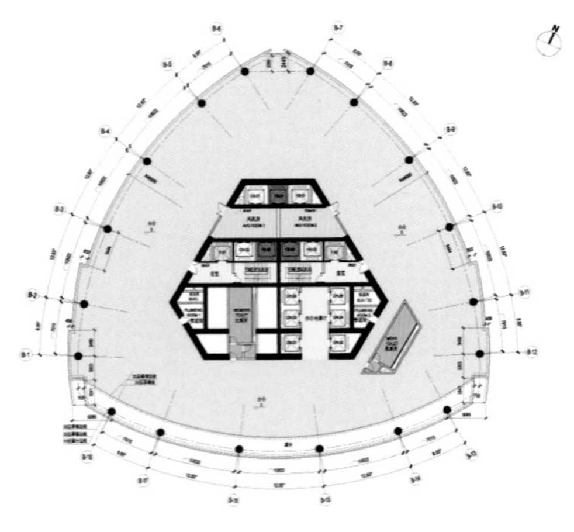

20~25层平面

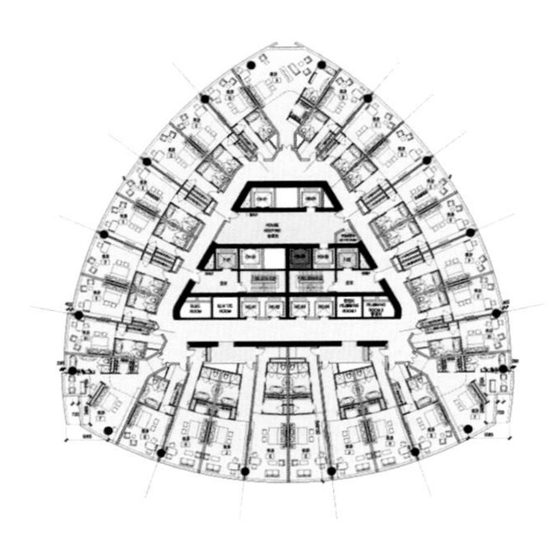

41~43层平面

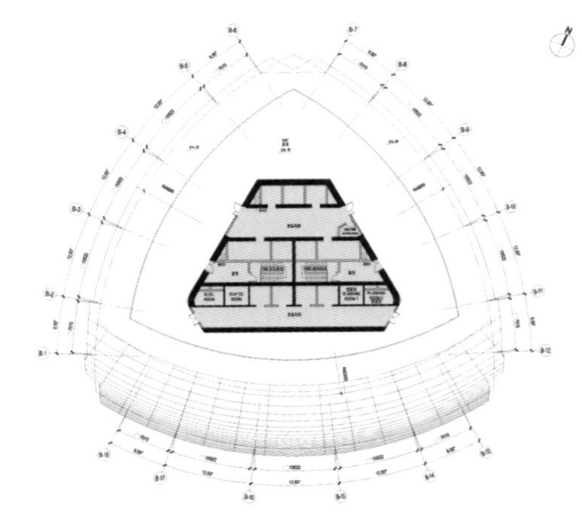

屋顶平面

- 客户名称：龙光集团
建设地点：广西省南宁市
建筑规模：40万平方米
层数/高度：80层/368米
设计时间：2011年—目前
合作单位：刘荣广伍振民建筑师事务所

LONGGUANG CENTURY
龙光世纪中心

368米南宁第一高楼

项目概况 PROJECT OVERVIEW

- 龙光世纪中心地处广西南宁市东盟商务区核心地段，毗邻南宁国际会展中心，坐拥南宁会展、商务双核心。项目将建成集超五星级酒店、甲级写字楼、高级公寓及高档商业于一体的大型超高层城市综合体，重塑东盟商务区新高度。

总体规划布局及设计特色
SITE PLANNING AND DESIGN FEATURES

+ 南宁龙光世纪中心遵循以人为本的规划设计理念组织总体布局规划、空间组织设计及建筑总体外型设计。

+ 项目由1栋80层的超高层办公及酒店塔楼、1栋54层的超高层公寓式办公塔楼、4层高的商业裙房及4层地下室组成。办公及酒店塔楼设置在地块西南角，高368米，定位为白金五星级酒店和总部基地写字楼，打造展示南宁的城市新形象的标志性建筑群，且前广场迎客吸引人流，充分利用商业人流的不同特点及业态个性设计，使商业价值最大化。商业入口通透的玻璃中庭全面展示了商业建筑繁荣、流动的特色，将建筑内熙攘的人群、琳琅的商品和亦幻亦真的商业景象通过大展示墙演示出来，突出商业建筑新奇独特的标志性形象。

+ 建筑造型采用简洁、明快的设计手法，实墙与玻璃外墙相互结合，创造出流畅、动感的建筑造型。建筑外立面俊朗灵动、充满现代感，打造南宁颇具人文内涵、颇具建设艺术特色的高层建筑群。

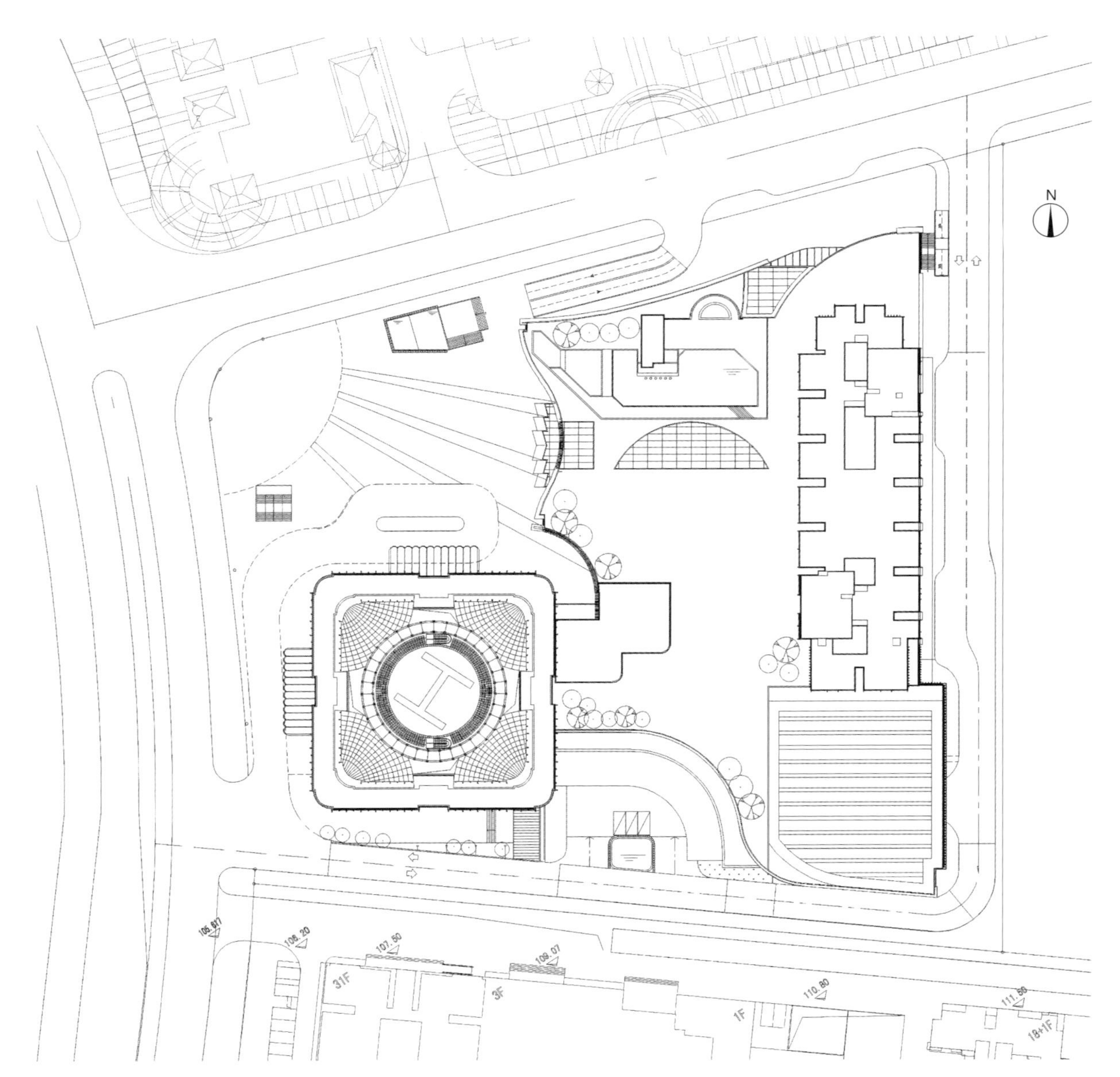

总平面图

PRADA

公寓平面图　APARTMENT

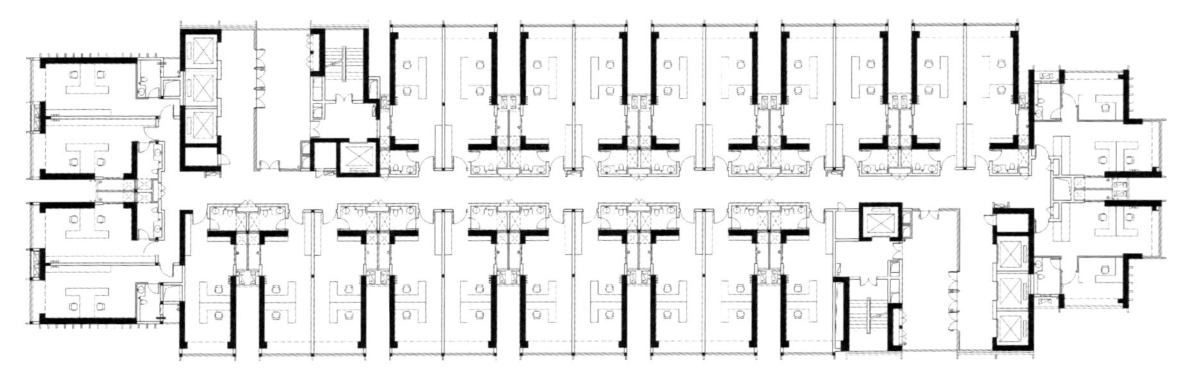

6~50层偶数层平面图

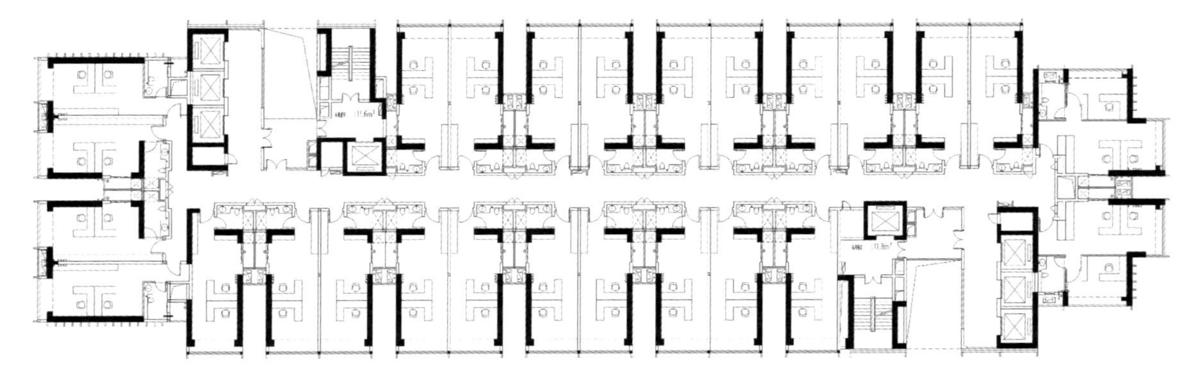

7~49层奇数层平面图

酒店、办公楼平面图　HOTEL AND OFFICE

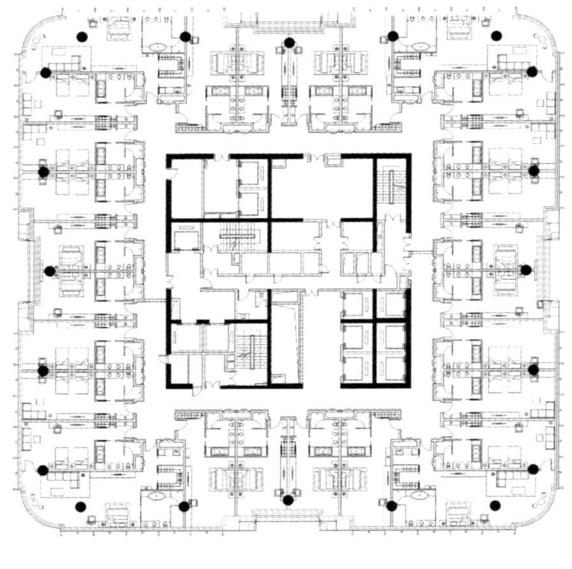

1号塔楼67层平面图

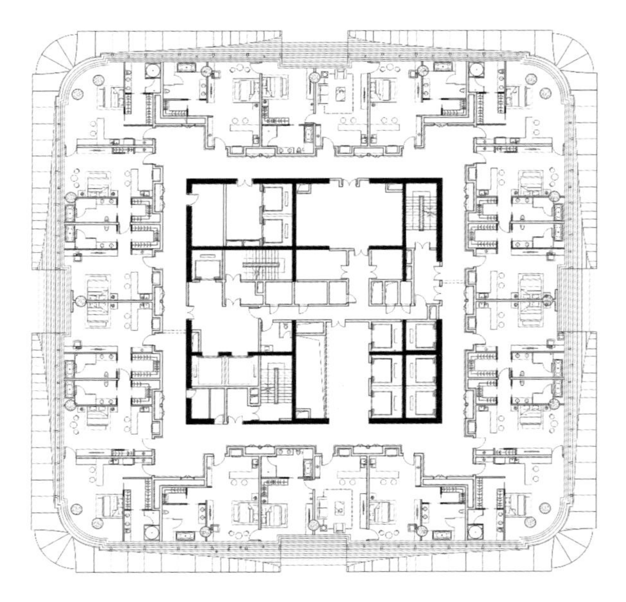

1号塔楼74层平面图

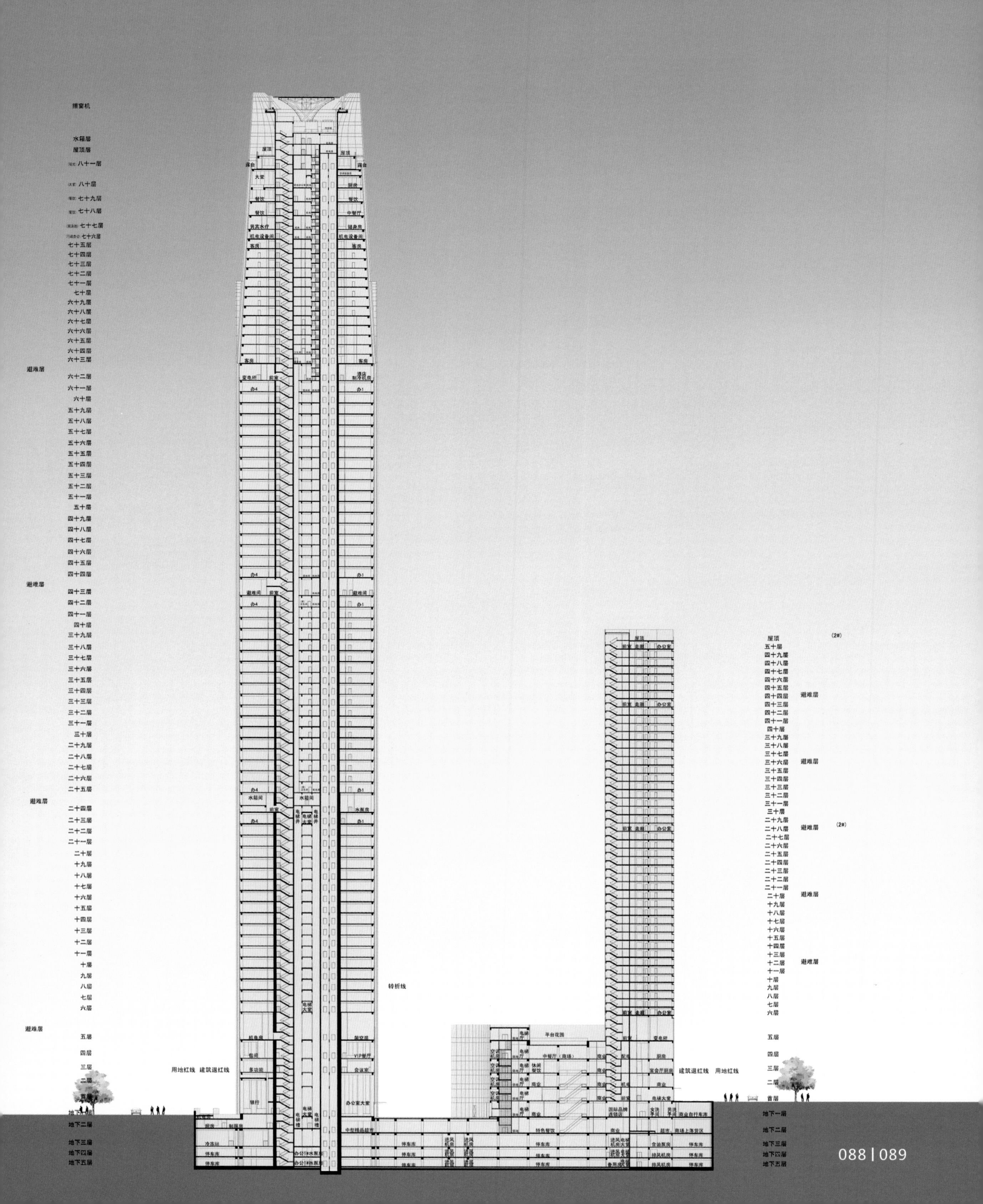

+ 客户名称: 安徽置地投资有限公司
项目地点: 安徽省合肥市
建筑规模：44.14万平方米
层数/高度：61层/249.8米
设计时间：2011年—目前
合作设计：英国V×3 ARCHITECTS

BAIYUE CENTER
栢悦中心

249.8米合肥政务区摩天商务集群

+ 项目概况 PROJECT OVERVIEW

项目位于合肥政务区中轴线旁，尽享政务区优越配套，北拥千亩天鹅湖自然风光，对望城市地标金凤凰——省广电中心，东侧万米壮丽绿轴景观带蜿蜒穿过，西南面博物馆群重现历史缩影。栢悦中心由五栋高层和超高层办公塔楼组成，属于120万平方米合肥新中心——置地广场的商务办公群产品系，与低密度城市别墅“栢悦府”、高层观景大宅“栢悦公馆”一起打造合肥市城市新地标。

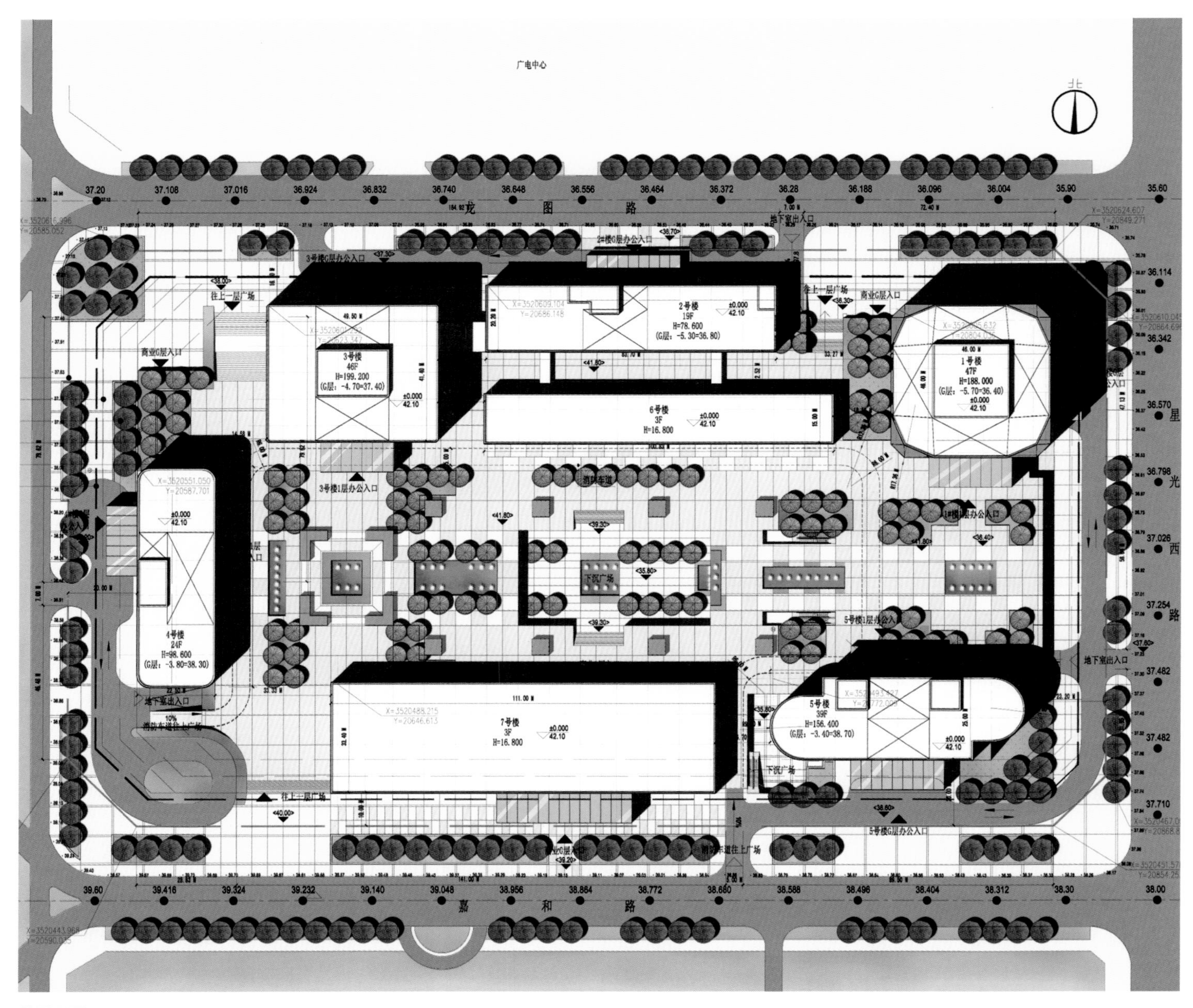

总平面图

总体规划布局及设计特色
SITE PLANNING AND DESIGN FEATURES

+ 本项目由三栋超高层办公楼，两栋高层办公楼、商业裙楼和地下室组成。栢悦中心着重于创造与众不同的个性，通过办公群体塔楼的统一协调、错落布局创造出相互之间的呼应与对位，同时围合出中心庭院，向中轴线中心绿地开放连接，内外景色融为一体。各栋塔楼高度、平面均各具特色，却能紧密结合成一体，在这样的组合中，每个建筑都扮演着自己的独特角色，看似简单的形式却在政务区核心区域城市街道创造出富于变化的、移步换景的视觉效果。多重内部庭院、立体室外广场通过精心设计的流线将室内外空间串为一体，成为市民体验休闲、娱乐、观景的独特的“城市客厅”。

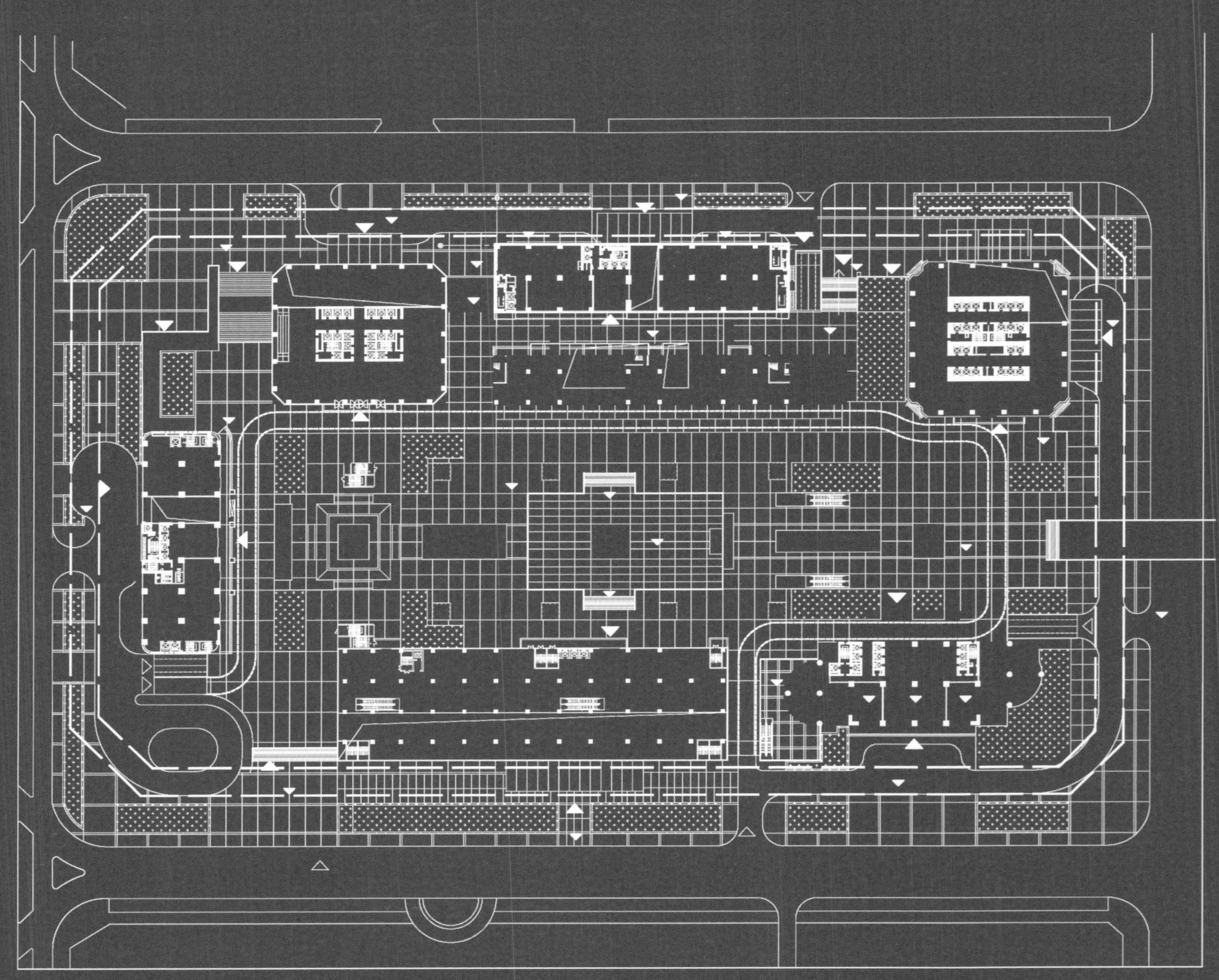

首层平面图

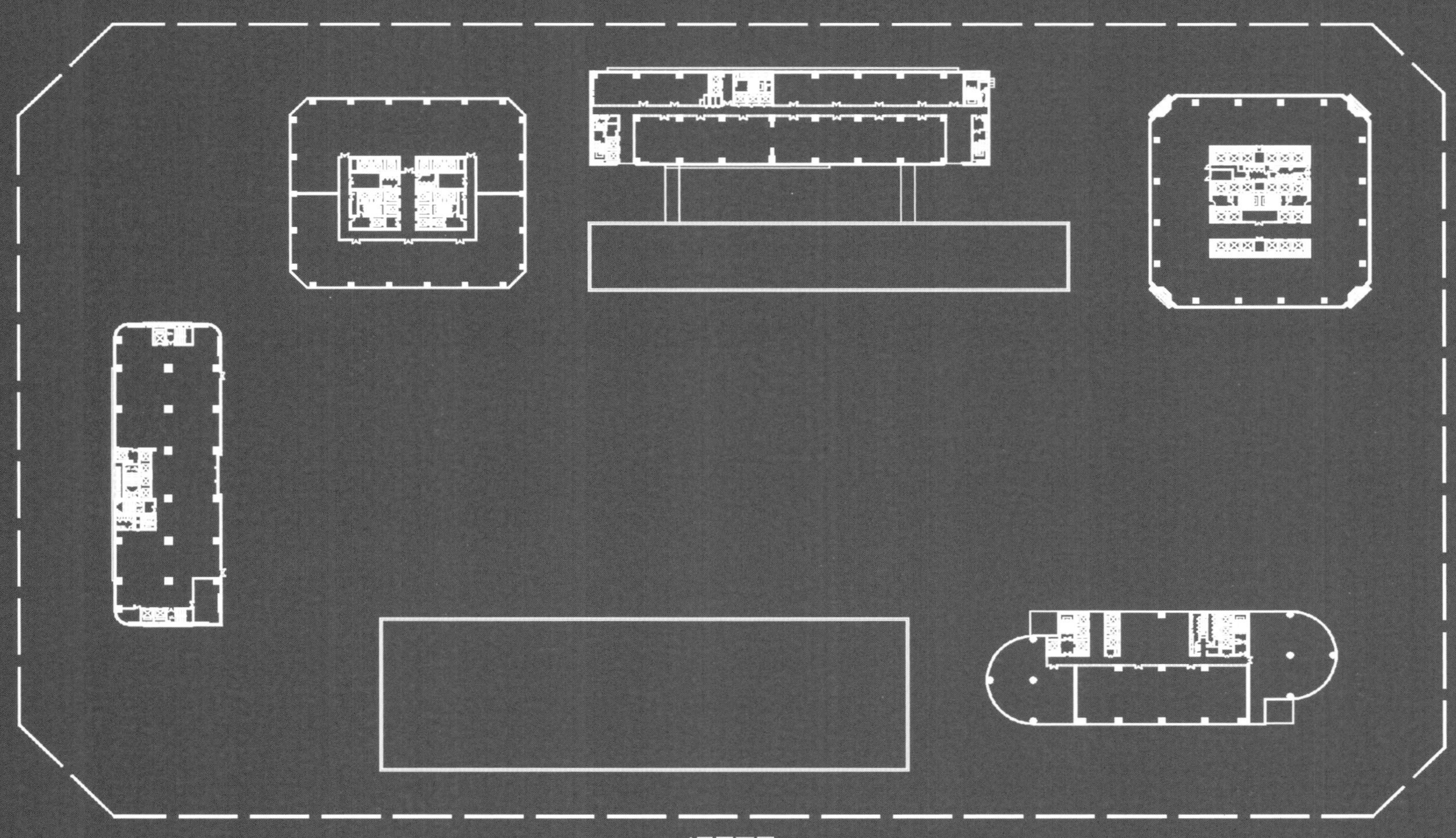

4层平面图

+ **1号楼**位于用地东北角，为本区域最高建筑，地上61层，总高度249.8米，紧临城市绿轴，平面呈方形，极具昭示性和引导性。塔楼垂直方向的小碎面设计给建筑的周围带来不同的色彩感和光影效果，使光影之间的对比更丰富。塔楼最高层的顶点处是一个景观台，从制高点给游客观赏到令人赞美不已的城市风景。

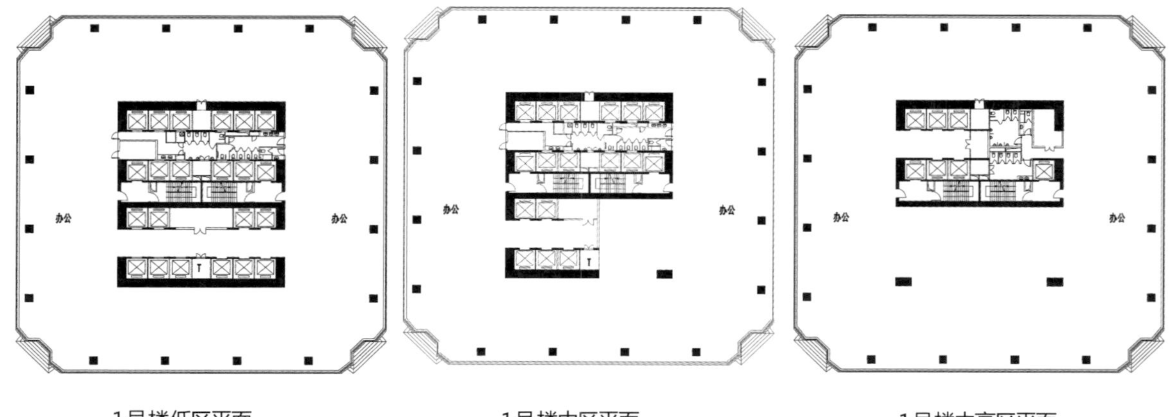

1号楼低区平面　　1号楼中区平面　　1号楼中高区平面

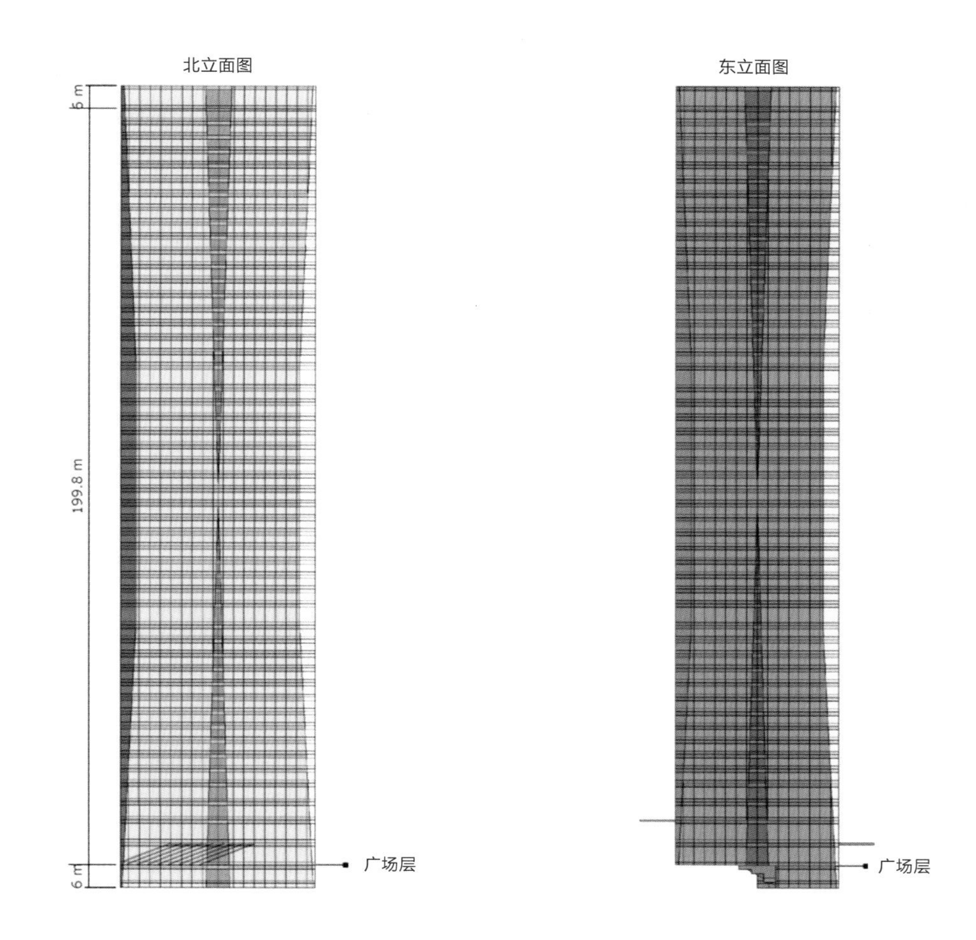

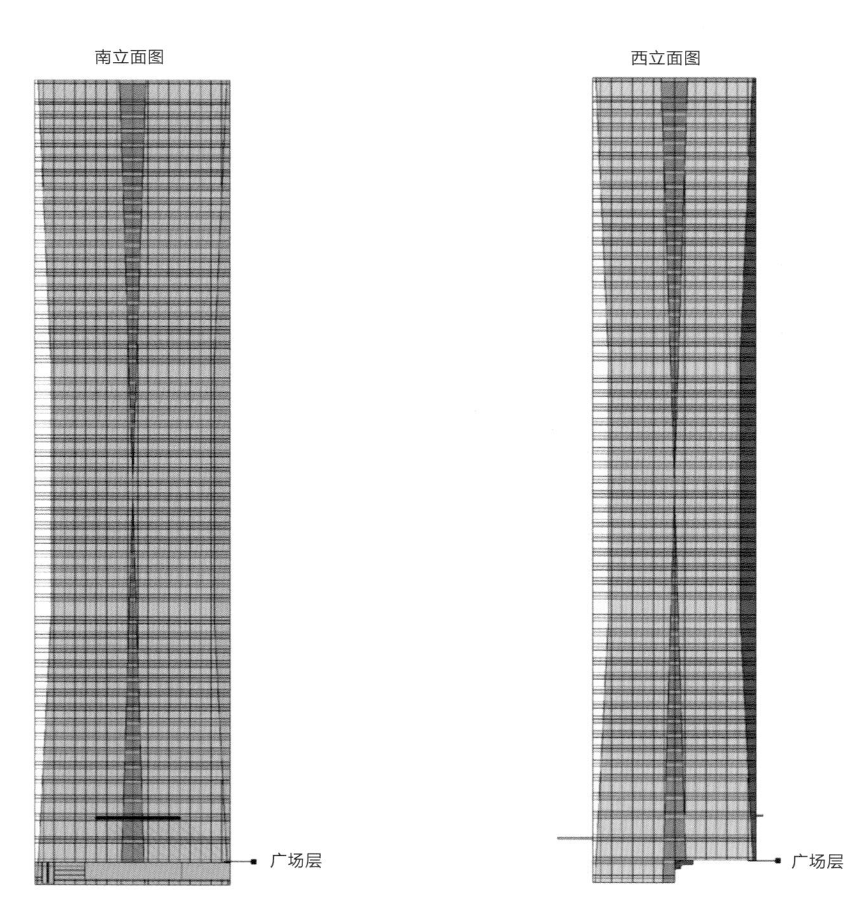

+ **3号楼**位于用地西北角，地上52层，总高度209.7米，与1号楼对称布置在地块东西两侧，互为呼应。

3号楼立面图

+ 2号楼位于用地北侧中部，1号楼西侧，地上19层，总高度78.6米，板式布局，南北通透；2号楼底部南侧布置三层裙房商业。

+ 4号楼位于用地西侧，东西向板式布局，地上24层，总高度98.6米，位于地块对称轴上，东侧视线开阔，拥有视野绵长的中轴线景观。

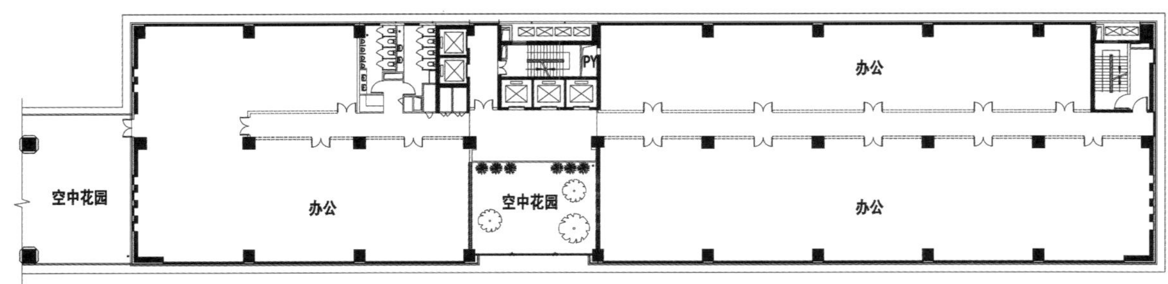

2号楼8、11、14、17层平面图

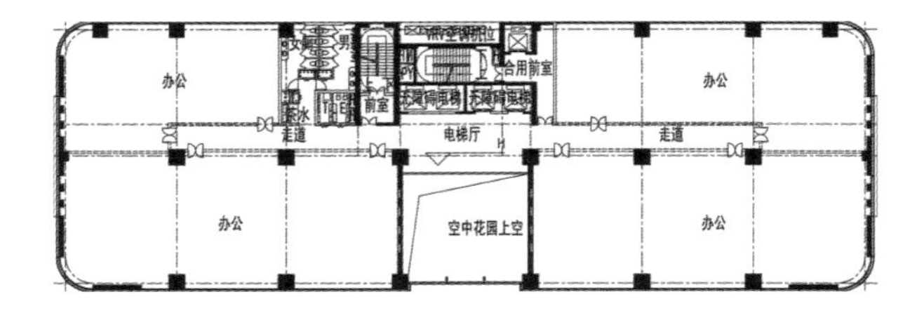

4号楼5~15层平面图

+ 5号楼位于地块东南角，地上39层，总高度156.4米，平面为板式布局，局部弧线处理，柔化了整个地块硬朗的形体感受。

整个建筑群落围合成一个向中心绿轴开放的建筑空间。地块内部标高抬高形成一个统一的开放景观平台，并通过连廊与城市中心绿轴连通。在地块的东北角、西北角、西南角设计垂直交通，连接市政道路和景观平台，并利用轴向序列的景观，力图打造一个对城市开放、吸引商业人流和观光休闲人流、充满活力和特色的城市综合体。

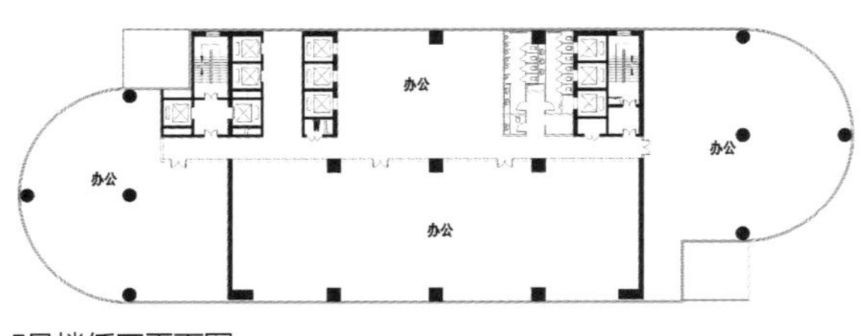

5号楼低区平面图

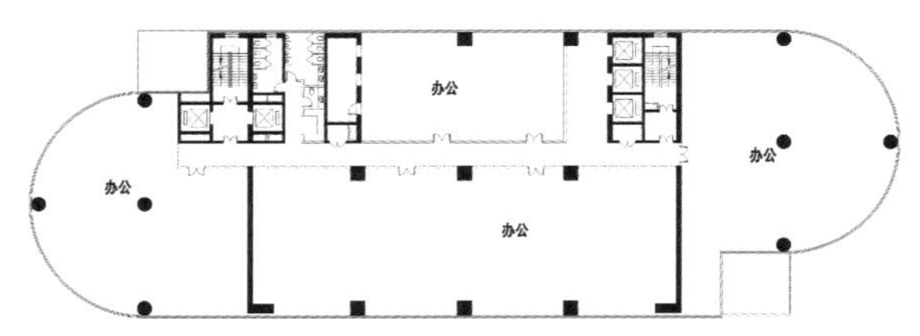

5号楼高区平面图

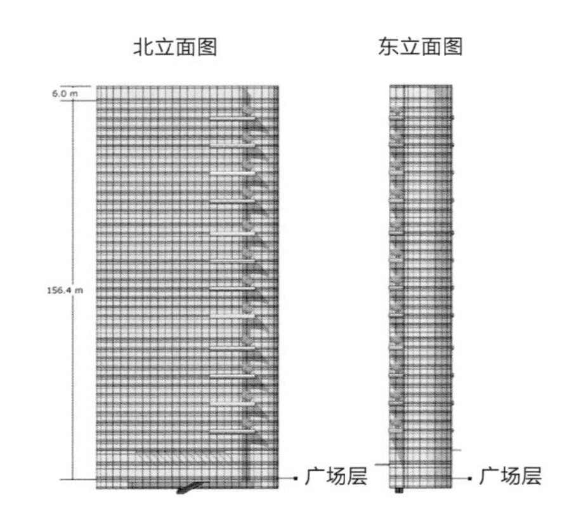

南立面图　西立面图

广场层　广场层

5号楼立面图

客户名称：卓越集团
建设地点：广东省深圳市
建筑规模：42万平方米
层数/高度：28层/ 128米
设计时间：2011－2012年
合作设计：英国V×3 ARCHITECTS

EXCELLENCE CITY
卓越城
128米深圳中心北区首个商务综合体

项目概况 PROJECT OVERVIEW

本项目位于深圳梅林片区梅林路与中康路交汇处，沿梅林路与地铁9号线相接、沿中康路与地铁4号线相邻。基地周边现状成熟而丰富，交通密集而高效，因此如何使建筑适宜的融入周边环境并能保持应有自身特色是本案研究的重点。项目属于地铁上盖城市综合体，以高品质商业和办公楼为依托，打造一个生态、健康、智能、高效的办公、商业空间和一个满足工作、休闲消费社交等多种形态的高品质商业休闲办公社交环境。

东立面

南立面

西立面

北立面

总体规划布局及设计特色
SITE PLANNING AND DESIGN FEATURES

+项目总体布局采用长方形平面，集中式商业布局加两栋独立的办公塔楼形式，建筑贴临红线布置，负3、负4层为两层车库，负2层至6层为商业，7至28层为办公，功能分区明确。建筑西北角的2层下沉庭院和6层裙房餐厅屋面层围合出休闲共享空间，皆有景观绿化打造“自然和谐、绿意盎然”的休闲空间，为繁忙的都市工作注入舒适与休闲，提升购物者聚餐观景的意境。本案遵循“以人为本”的规划设计理念，组织总体布局规划、空间设计、环境景观设计及建筑外型设计，功能设计明确,衔接自然得当。

UNI QLO
adidas
MIRABELL
LACOSTE
city super

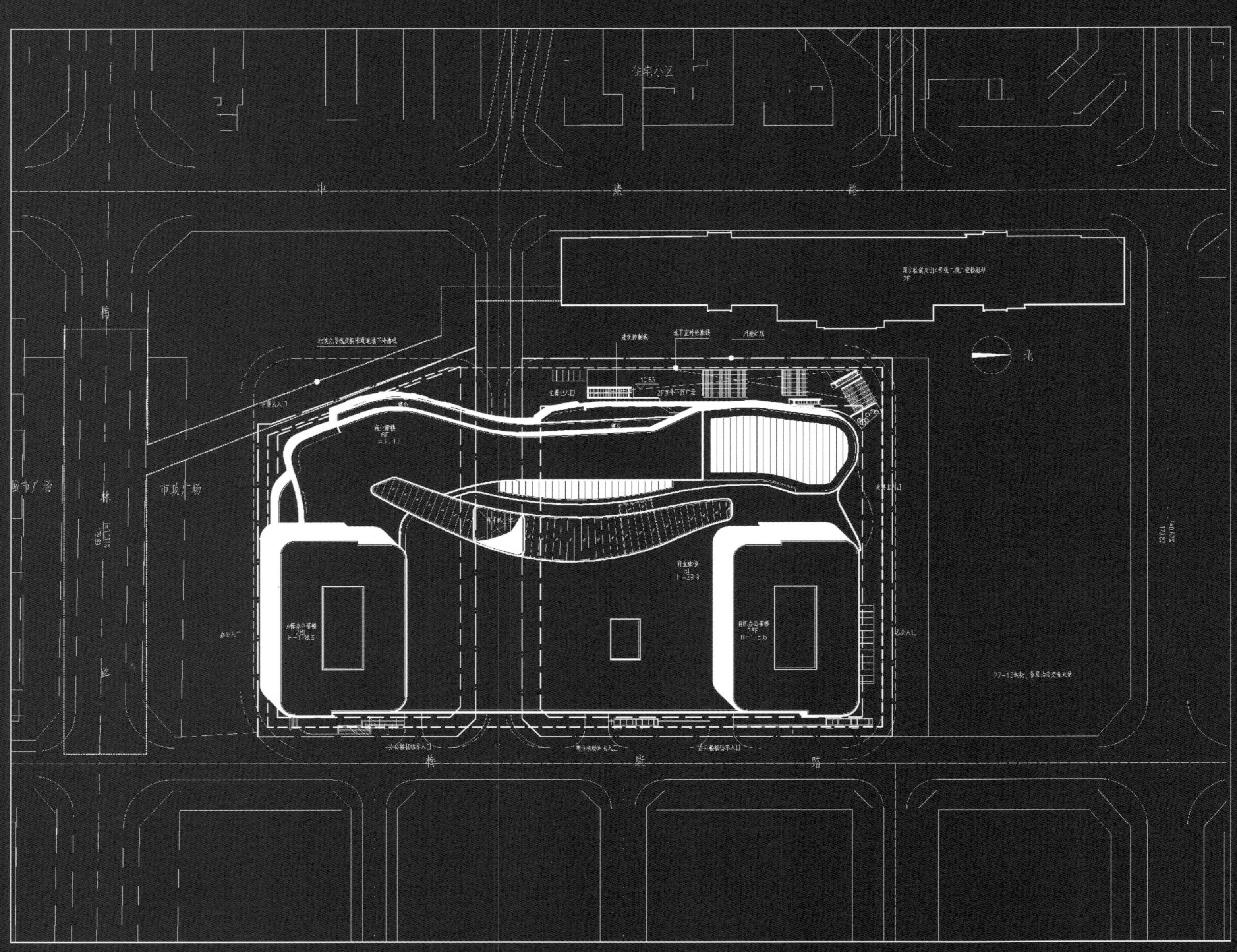

总平面图

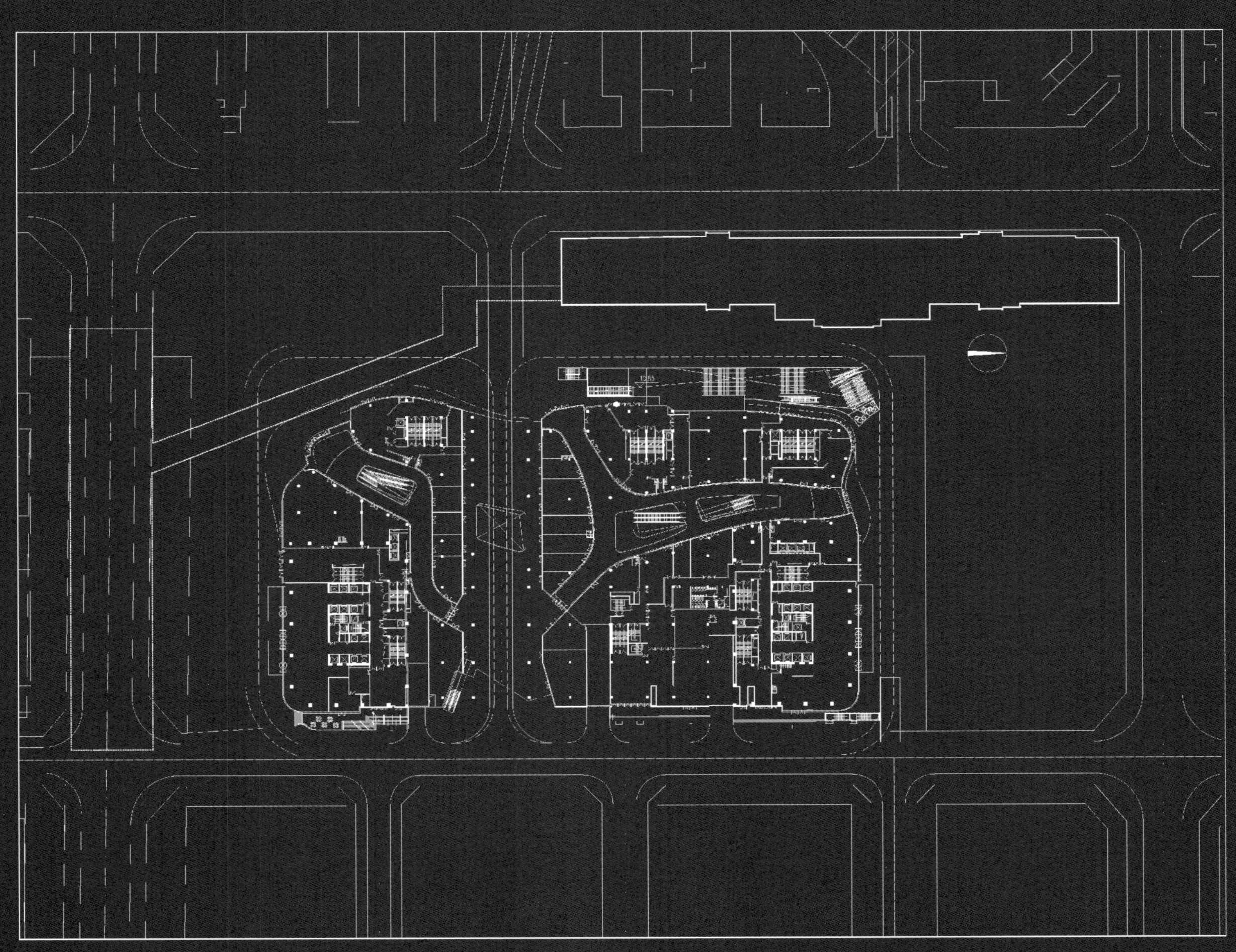

首层平面图

设计理念

+ **旋**——叶片的自然形态暗合万物生于土，开启自然地本性，风吹绿叶旋，建筑欲向法自然，旋而灵动。

+ **褶皱**——山崖自身的褶皱不平既是对自然界的回应，而或一种无声而有力的抗争，建筑造型采用褶皱立面，增加本体与自然大山的联动，独透一种苍劲不拙的力量感。

+ **扣**——灵动与坚毅的组合，犹如紧扣在一起的双手，将建筑与自然万物联通一气，是自然顺应周边大环境，犹如生长于自然一般。

“旋”、“褶皱”、“扣”的思源来源于对自然环境的借鉴和回应，万物得法于自然，建筑理应融入自然环境，谦逊而又不失 大气的存在。

空间规划布局

1层平面

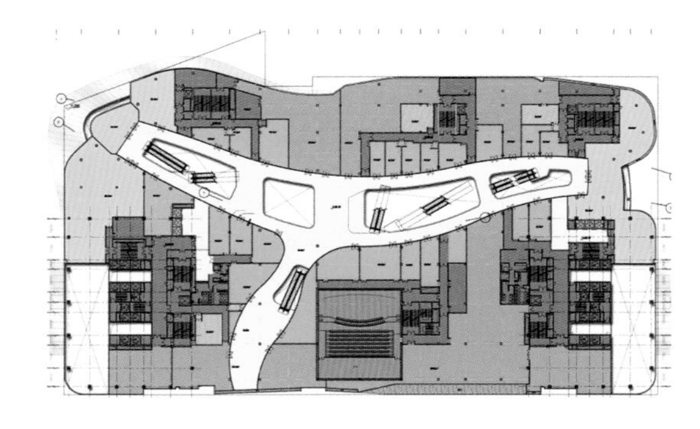

3层平面

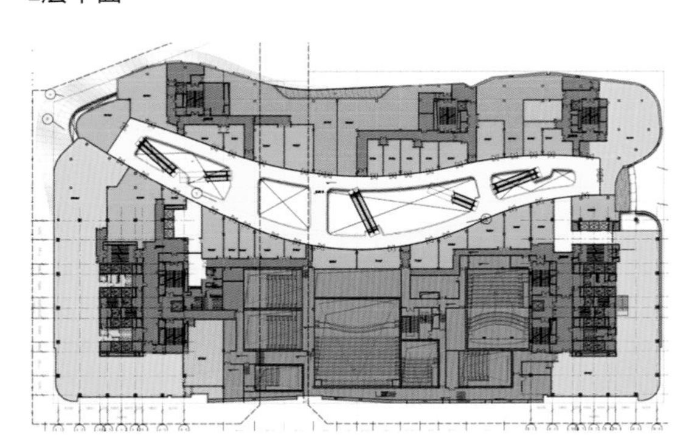

5层平面

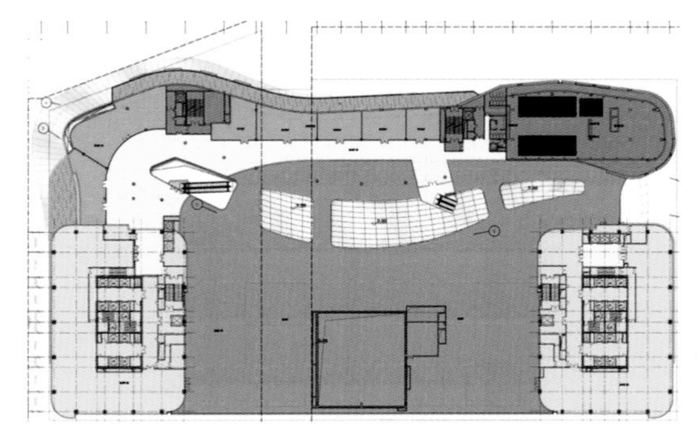

6层平面

空间规划布局

+ 建筑的空间表现丰富且感性：户外广场+下沉广场与主中庭+大堂相呼应，室内外形成流动空间，提升建筑自身的品质。点线面的结合作为购物人流带来不同的购物体验。下沉广场和中部林平路形成的骑楼空间利用室外灰空间和室内空间相互穿插融合，可以给建筑空间带来趣味性的感官感受。西向，南向，北向商业入口处宽敞高扬，阳光充足，使内部空间不再是封闭的空间，而能与外部的景观空气和阳光交流，享受更多的自然空间，打破传统的封闭空间模式，将人流自然引入，创造立体的空间模式，呈现大度的空间格局，营造购物天堂的意境。

建筑设计

+ 本案以建筑场地内的环形车道和中间的林平路形成双环通交通系统，商业主要出入口设置于建筑北向、南向、西向，为最多数的商业人流服务。主要办公出入口设置在两栋塔楼的南北面，与商业人流有效分隔，便于独立使用。建筑东面为大片绿地公园，环境优美，人流量稀少，将三个汽车出入口设置于此，中间位商业车库入口，南北塔楼两侧为各自办公车库入口，高效且经济。公共交通集散口布局合理，货流人流分区明确，互不干扰，为建筑提供一流的外部交通环境服务。

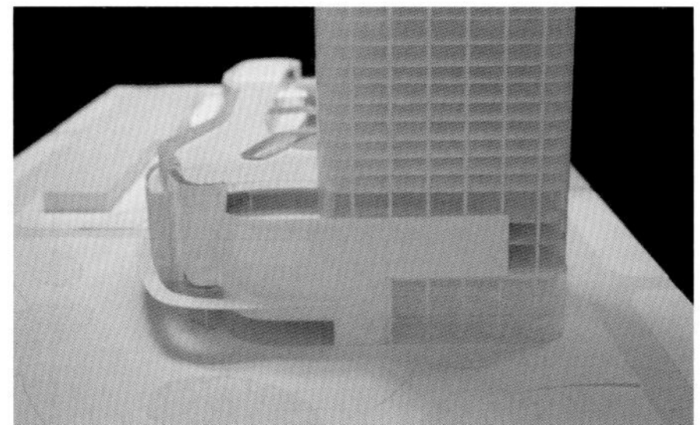

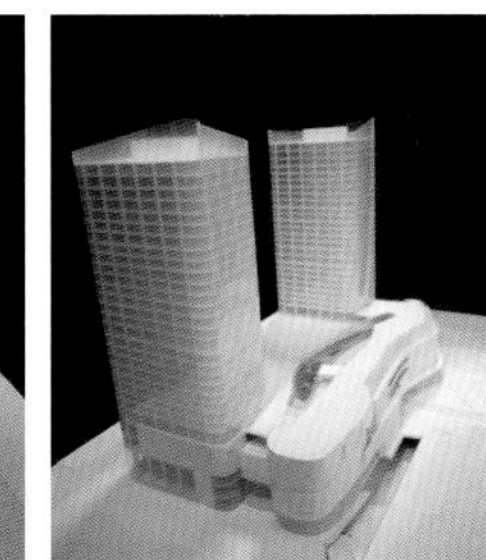

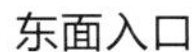

东面入口

南面入口

北面入口

吊顶

+ 客户名称：浙江大东吴集团有限公司
建设地点：浙江省湖州市
建筑规模：39.56万平方米
层数/高度： 54层/288米
设计时间：2010年

DONGWU INTERNATIONAL PLAZA
东吴国际广场
288米湖州第一双子塔

项目概况 PROJECT OVERVIEW

+ 东吴国际广场坐落于浙江湖州吴兴经济技术开发区，北临苕溪港，东接江南工贸大街，西接益民路，北面遥望仁皇山，具有良好的水岸景观资源和交通优势。

+ 项目集商业购物、商务办公、文化娱乐、餐饮服务、星级酒店、豪华定制精装公寓为一体，建成后将成为湖州市极具代表性的超高层双子塔。

SHOP THE PLANE
FENDI
ESPRIT
MIYAKE
ISSEY

总体规划布局 SITE PLANNING

+ 项目整体用地约5万平方米，由两幢288米的超高层建筑以及6层商业裙房组成。西侧塔楼龙鼎大厦共51层，为5A甲级写字楼和五星级酒店，是目前湖州唯一的国际5A超甲级写字楼；东侧塔楼龙玺公馆共54层，主要物业类型为湖州稀缺的酒店式公寓及空中公馆，采用国内外一线品牌，装修风格多样，为业主度身打造；西侧裙房为酒店配套，裙房内包含一个近2000平方米的超大宴会厅，东侧裙房为集中商业区，规划有近10万平方米的国际化体验式购物中心。裙房3层设有一个近5000平方米的开阔景观平台，面向开阔的水面景色，供市民休闲观光的同时可畅享品质生活。

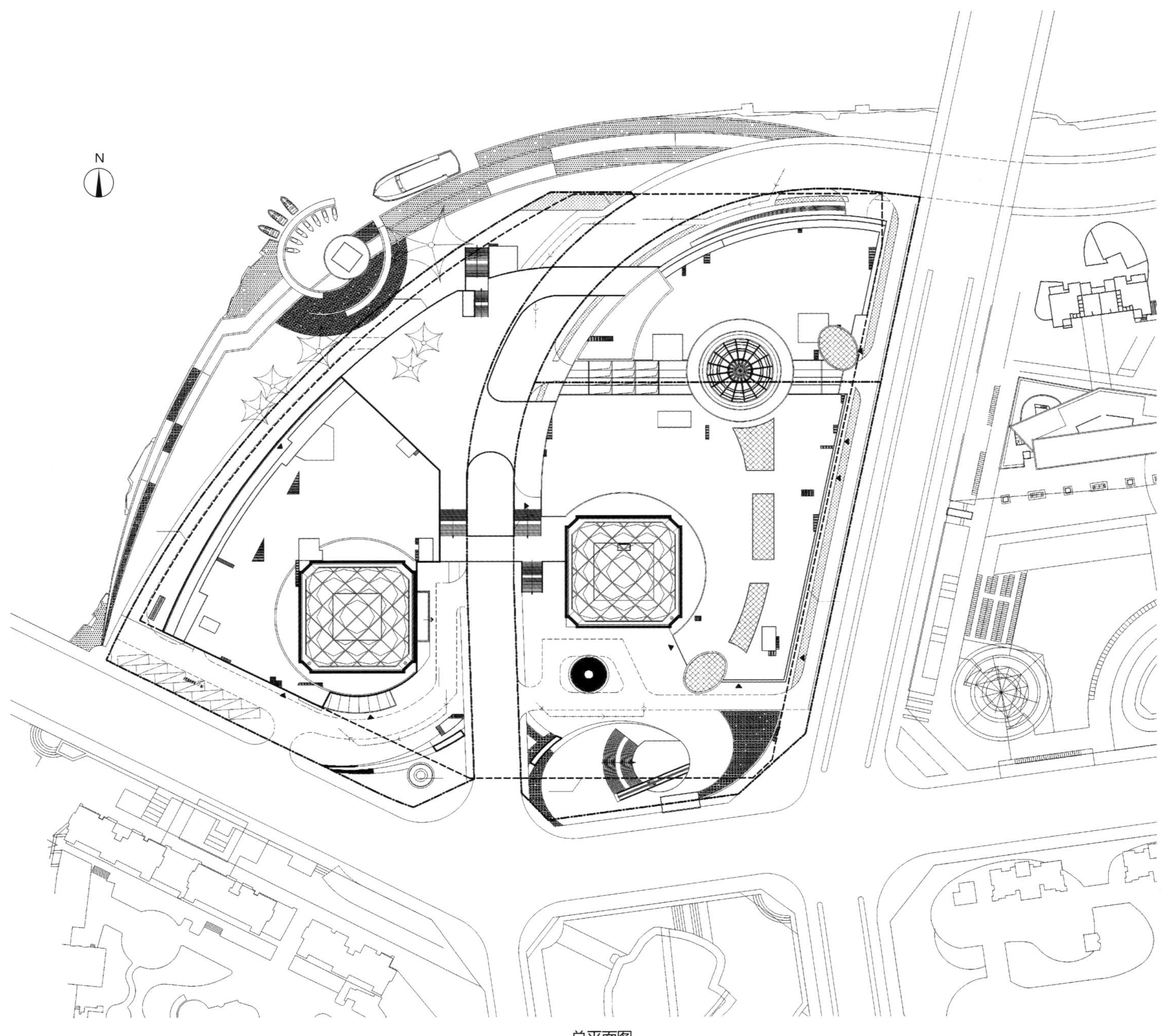

总平面图

SHOP THE PLANET

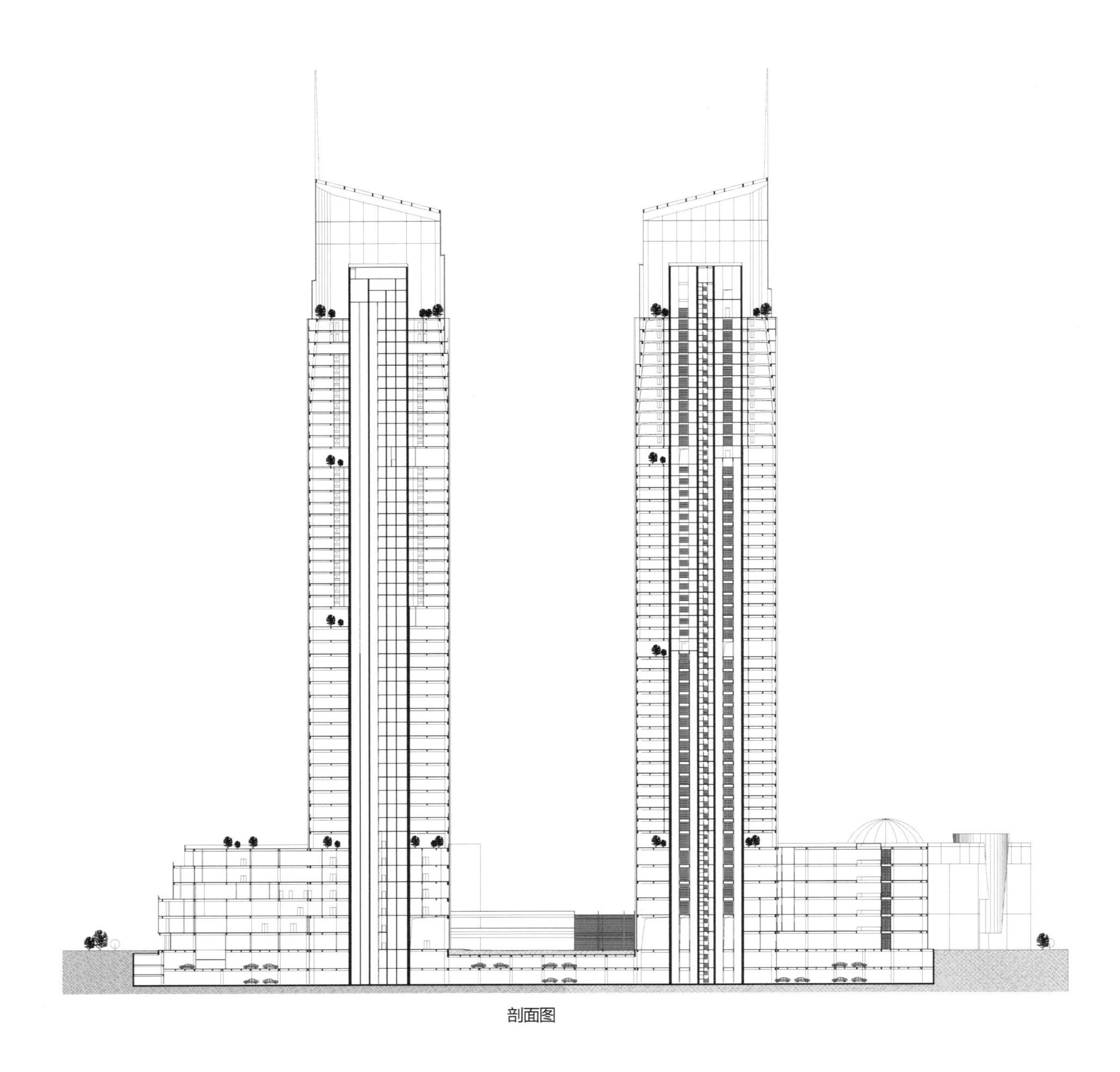

剖面图

设计特色 DESIGN FEATURES

+ **立面造型：**作为湖州重要的建筑地标，项目选择了东西地块塔楼对称、等高的双子塔布局，塑造稳重、大气、经典的地标建筑形象，打造城市门户形象。在造型设计上以方塔为原型，通过削切、肌理附加的方式形成双子塔向中心汇聚，朝江面开放的独特建筑形象在建筑立面上通过”竹韵“概念的建筑肌理，以斜向及竖向线条赋予整栋塔楼节节升高的动感和欣欣向荣的美好意向。

+ **空间结构：**东吴国际广场结合用地资源、景观、历史文化痕迹等设计了一系列公共开放空间，展示城市的历史文化，向城市开放出更多可供市民参与的空间场所。开放空间与商业裙房有机结合，交织穿插，丰富了商业形态，创造更多的商业价值，更能为市民提供了一处能够体验城市历史文化的“城市客厅”。

Ivanka Trump
OGLADYS

东吴国际广场
DONGWU INTERNATIONAL PLAZA
OGLADYS
Ivanka Trump
ascom Timeplex
KADIANU
CALORYFAD

MIRACLE MILE SHOPS
SHOP THE PLANET
LOUIS VUITTON
ISSEY MIYAKE
Cartier
FENDI

办公楼平面图

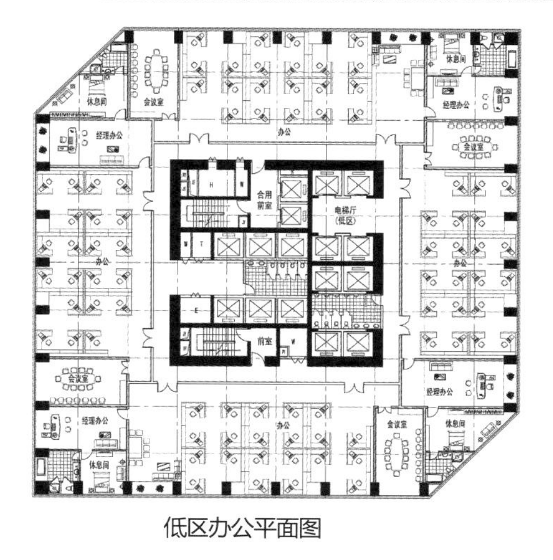

低区办公平面图

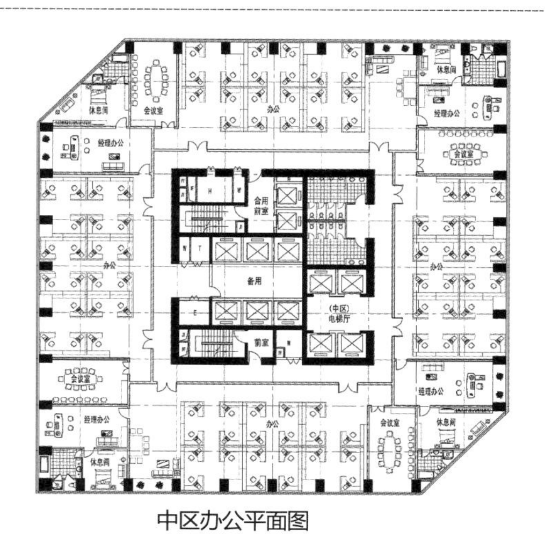

中区办公平面图

公寓式酒店平面图

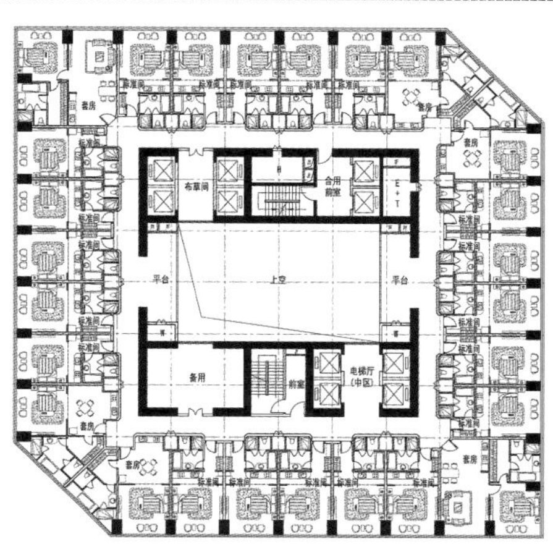

中区酒店平面图

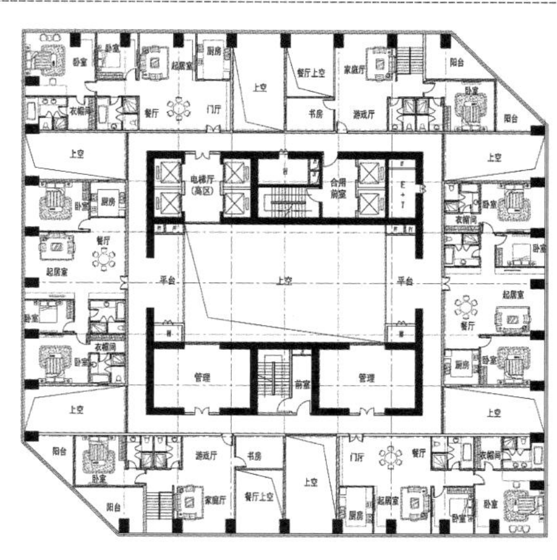

空中复式（上）酒店平面图

公寓式酒店平面图

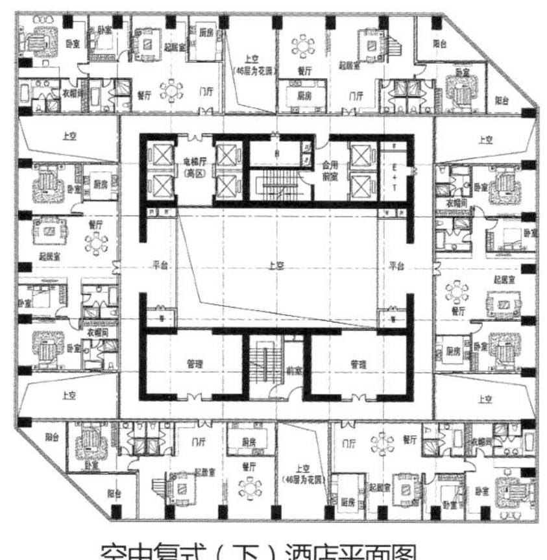

空中复式（下）酒店平面图

五星级酒店平面图

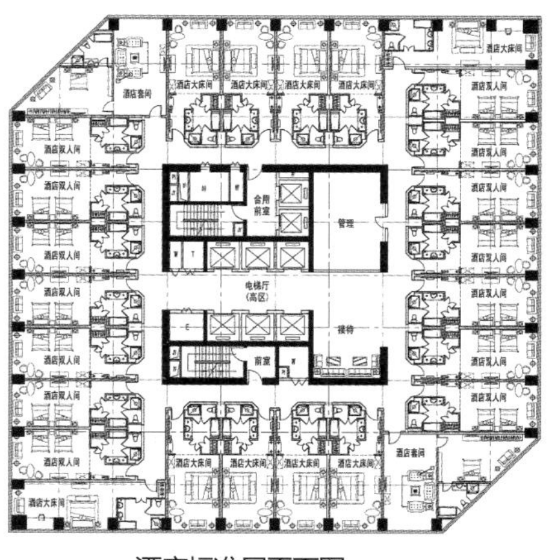

酒店标准层平面图

客户名称：深圳市鹏润达置业集团
建设地点：深圳市南山区
建筑规模：23.6万平方米
层数/高度：35层/151米
设计时间：2011年

PENGRUNDA BUSINESS PLAZA
鹏润达商业广场

151米 深圳后海时尚先锋坐标

项目概况 PROJECT OVERVIEW

润达商业广场正位于南山后海中心区，集办公、酒店、商业于一体，是2号、11号、15号地铁线的上盖城市综合体，周边商业、办公、购物、休闲氛围浓厚，南山商业中心特色的2层人行天桥从海岸城一直延续到本项目，与片区其他商业连为一体。

设计理念 DESIGN CONCEPT

+ 本地块源自南山后海湾浅滩填海，地块临海，城市的面貌日新月异，为唤起基地历史沉淀的记忆和打造都市购物“时尚先锋坐标”，同时延续二层人行天桥的轴线，用两个通透简洁长方形雕塑体量的退台“海洋万花筒”构筑成裙房，双筒端部通透，将内部购物活力自然透散到外围，形体大气而不失亲切柔和尺度。

+ 带海洋波浪条纹的商业表皮延续塔楼网格元素将其扭转做疏密变化，增加商业“动感万花筒”的活力，网格同时作为商业空间结构支架，这样的雕塑退台业裙房处理方式使建筑形象焕然一新。北面姊妹双高商塔楼采用简洁经典的横竖交叉实体网格与城市设计协调统一，古典格调中“低调地”透着现代语言，又有利节能环保，在形体上与商业海洋万花筒的形态相互映衬呼应，形成对后海商业、金融中心区的完美诠释。

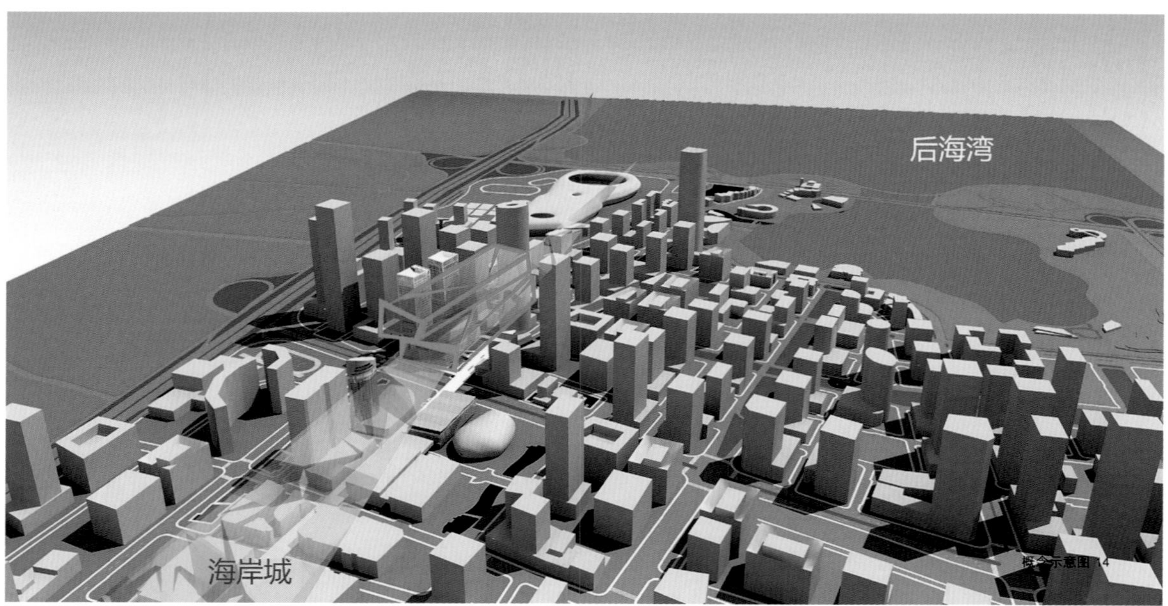

概念示意图4

购物海洋万花筒

总体规划布局 SITE PLANNING

+ 在容积率高达10.3的情况下，两座超高层办公及酒店塔楼贴北侧红线布置，采取长方形平面，办公和酒店的主出入口集中开设在商业价值较低、人流量较小的紧邻城市主干道的北侧的裙房“天蓬”下，在有限的地块内释放了南向商业的整体性。为缓解城市交通压力，在北侧入口广场上空“天蓬”设公共车库并便利连接酒店、办公和高达15层的商业裙楼。

+ 塔楼A为32层办公塔楼，首层为入口大堂，西侧开设人行及车行入口， 3~8层为停车空间，上部为办公空间，22~32层拉出，充分发挥高区办公的价值，营造高端总裁办公区。

+ 塔楼B 为35层酒店塔楼，大堂设于13层，并布置空中花园，形成视野极佳、环境优美的大堂空间。

+ 商业裙房整体分为两个体量，含商业，酒店配套及地上停车和办公区。

+ 地下共四层。地下一层，西南角与地铁2 号线连接通道，南侧中部与11号由L 形地铁换乘通道。地下二层与一层类似，西南角与地铁2号线换乘层连接，南侧中部与15号线链接。地下三层、四层为车库。

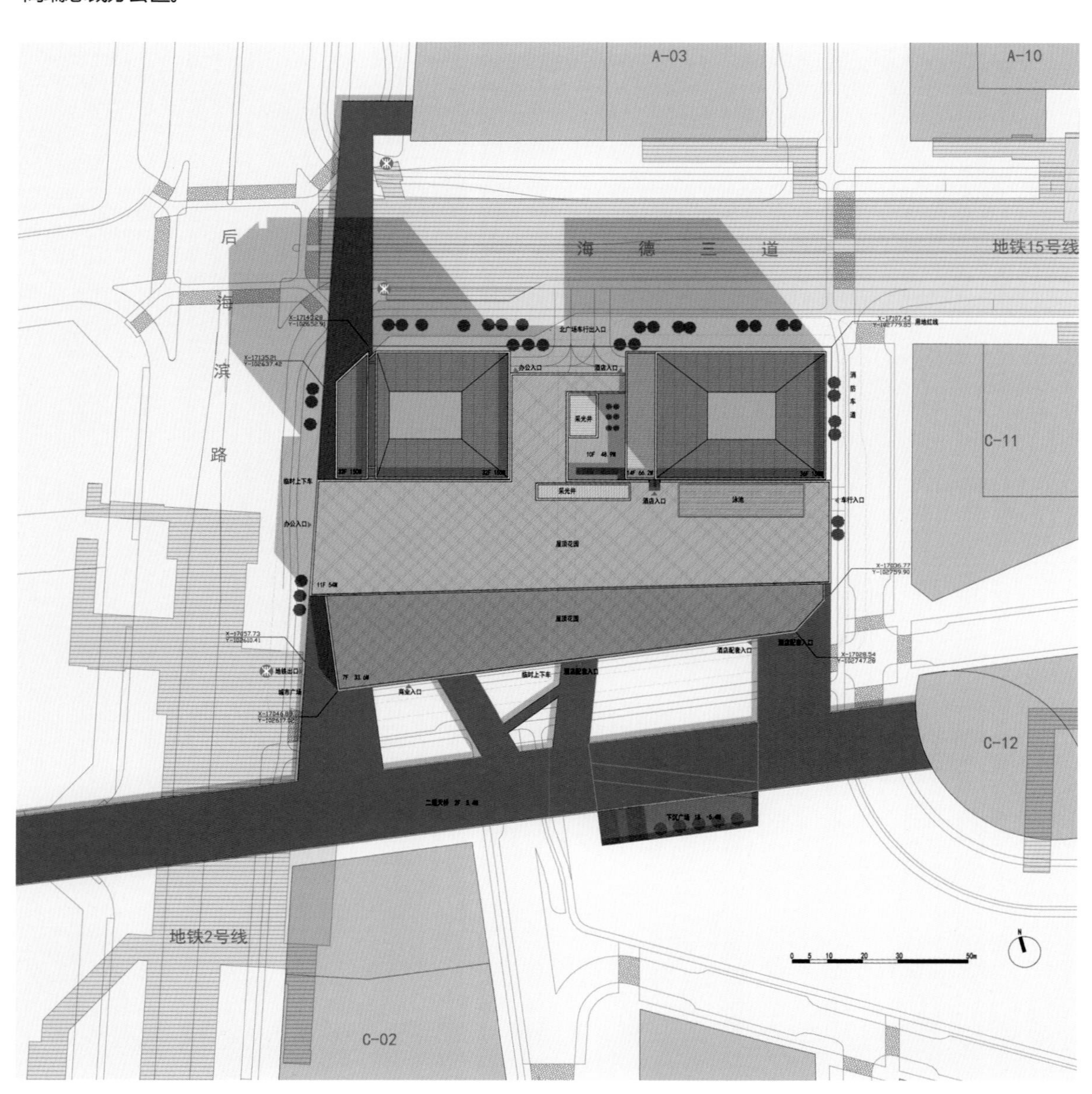

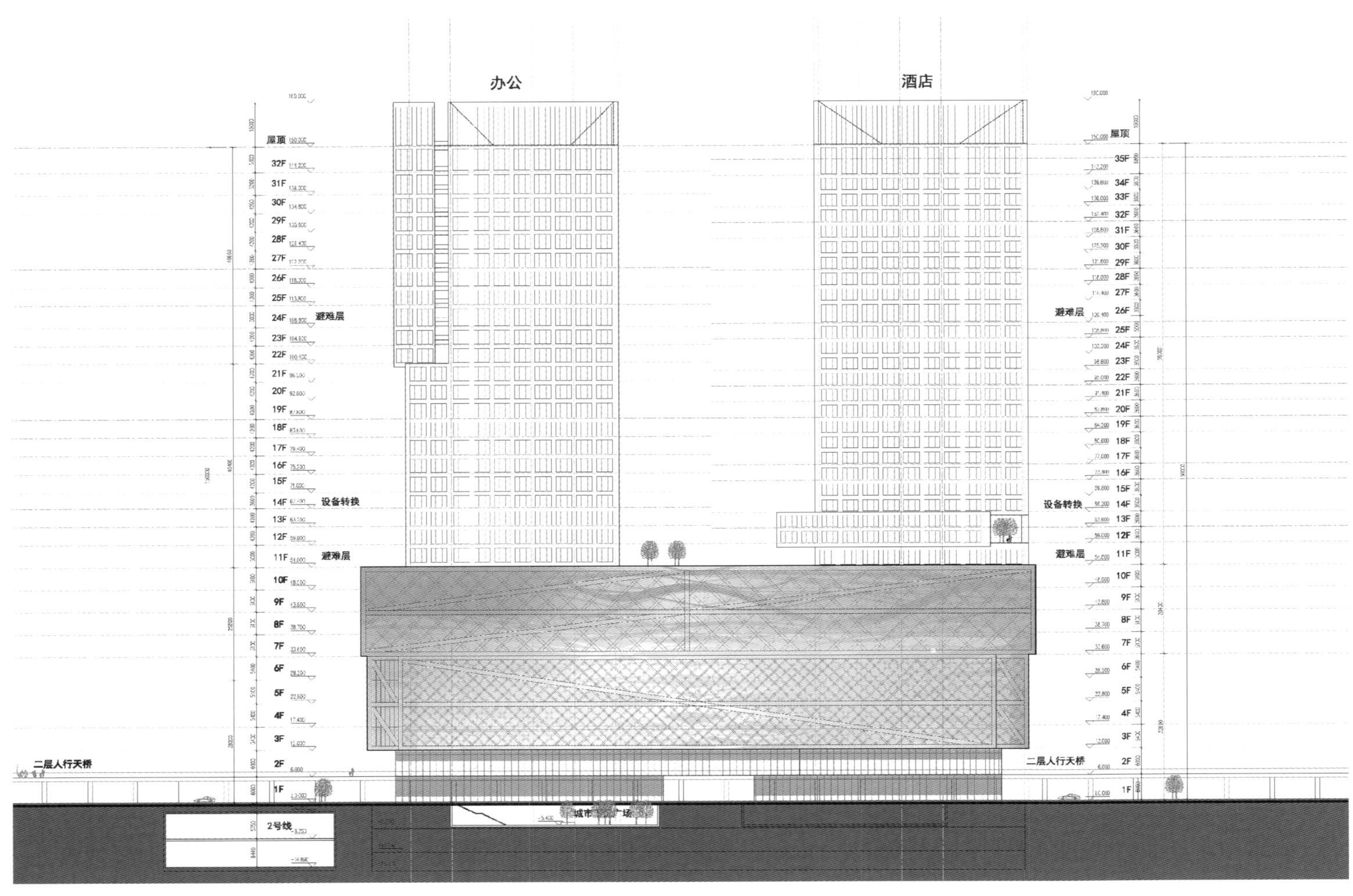

立面图

设计特色 DESIGN FEATURES

+ 地块临海，为唤起基地历史沉淀的记忆和打造都市购物“时尚先锋坐标”，同时延续二层人行天桥的轴线，用两个通透简洁长方形雕塑体量的退台“海洋万花筒”构筑成裙房，双筒端部通透，将内部购物活力自然透散到外围；形体大气而不失亲切柔和尺度，带海洋波浪条纹的商业表皮延续塔楼网格元素将其扭转做疏密变化，增加商业“动感万花筒”的活力，网格同时作为商业空间结构支架。这样的雕塑退台高商业裙房处理方式使建筑形象焕然一新。

+ 本案同时创造出“多首层，多入口，多临街面，单一化购物流线”概念，用树状桥板将南侧商业体和二层人行天桥环形串联，C形天桥最大化了二层商业的城市界面，既是通道又是临时促销商铺，带动内外商业的贯通和渗透。内部上下贯穿的中庭步廊将人流从地下二层向购物中心各层均匀的拉动，富有韵律的中庭空间，让购物者移步换景，既增加了购物情趣，又提升了中上层单位的商业价值和竖向交通引导性。

+ 北面姊妹双塔楼采用简洁经典的横竖交叉实体网格与城市设计协调统一，古典格调中“低调地”透着现代语言，又有利节能环保；在形体上，与商业海洋万花筒的形态相互映衬呼应。

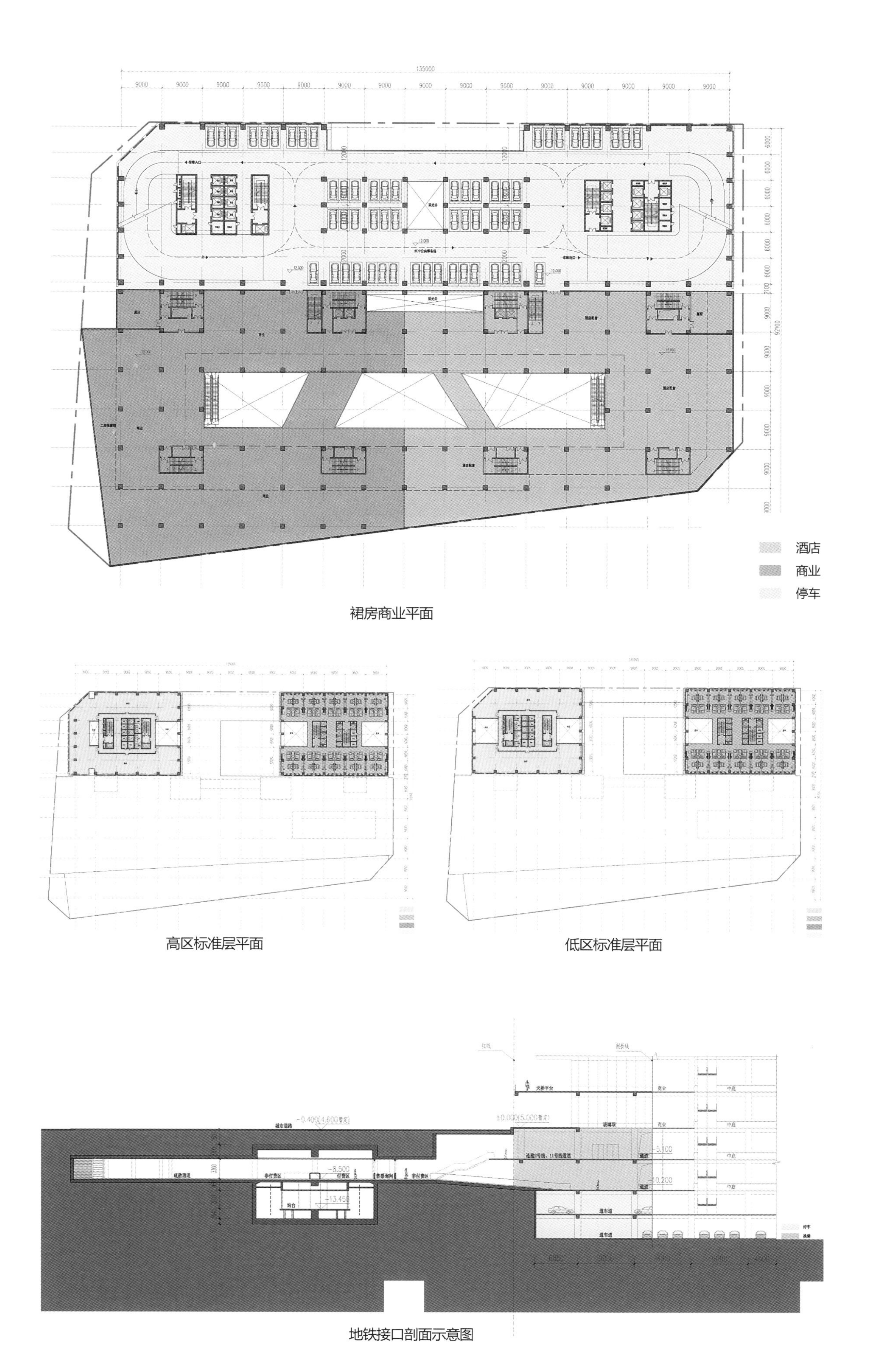

裙房商业平面

高区标准层平面

低区标准层平面

地铁接口剖面示意图

+ 客户名称：深圳市裕泰实业股份有限公司
建设地点：广东省深圳市
建筑规模：16.8万平方米
层数/高度：58层/200米
设计时间：2011年

PENGGUANG BUSINESS PLAZA
鹏广商务广场

200米深圳东部海景地标

项目概况 PROJECT OVERVIEW

+ 鹏广商务场位于盐田港核心居住区，片区未来规划为超大型的海景居住社区。项目西北面环山，东南面临港，自然景观资源极其丰富，是盐田稀有的融山海人居和高端商务为一体的地标性建筑。

设计理念 DESIGN CONCEPT

+ 本项目塔楼由四个单元拼合呈弧形布置，一气呵成，气势磅礴，如中国书法之流畅、飘逸。建筑外立面以" 风帆 " 、" 波纹 " 为主题，充分考虑了深圳地区的气候特点，以玻璃为主要元素，结合阳台造型形成灵动舒展的造型，有如海风吹拂的粼粼波光，又似迎风启航的点点风帆。多层次的立体化空间环境为用户提供丰富舒适的公共交流场所。

COACH
VERSACE
Versace

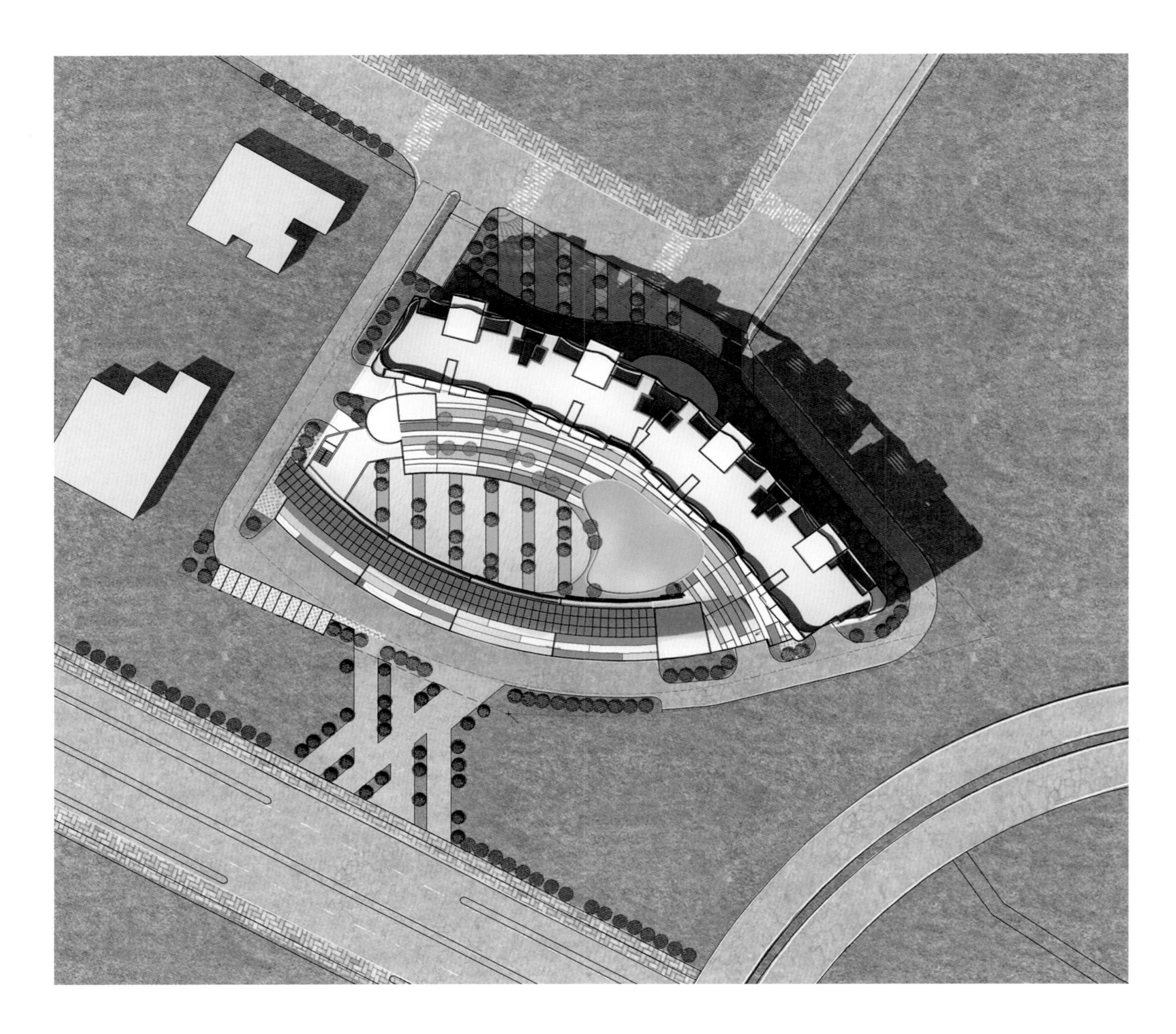

总体规划布局　SITE PLANNING

裙房部分

+ 裙房部分主要由商业和停车组成。
+ 商业部分集中在1～2层南面裙房部分，业态主要由临街商铺，中型超市及银行、酒楼等组成。
+ 停车部分为3～5层，拥有自然通风采光的停车库设计彰显良好的商务品质。

塔楼部分

+ 办公部分为6～12层，采用内院围合设计，使办公空间户户有景，有效地化解大进深给人带来的不适感。办公空间围绕着花园分布，实现建筑生态价值的更大化。同时空中花园成为大厦的社交活动中心，形成一种垂直的"绿庭"，提供公共交流空间。采用7.8~11米的开间设计，令办公面积可灵活划分与组合。
+ 高空会所为13层，由贵宾电梯直达。全景式玻璃幕墙及天花，东南面海景一览无余，以殿堂级的空间体验，体现对世界商务人士的尊崇。
+ 商务公寓设计中始终以“人居”为基本点，追求每户海景景观最大化，提高居住的舒适度与品位。注重户型设计的均好性、多样性和适应性。将“以人为本，健康生活”置身于设计的全过程。具体而言，商务公寓采用方正实用的设计平面，合理的户型设计争取到户户均可有至少一个大面宽海景房，达到了100%的海景观赏率的同时兼顾山景的容纳。产品类型丰富，平层，复式，顶层大平面的公寓提供了面积为130~300平方米的多种选择，满足不同层次业主的需求。

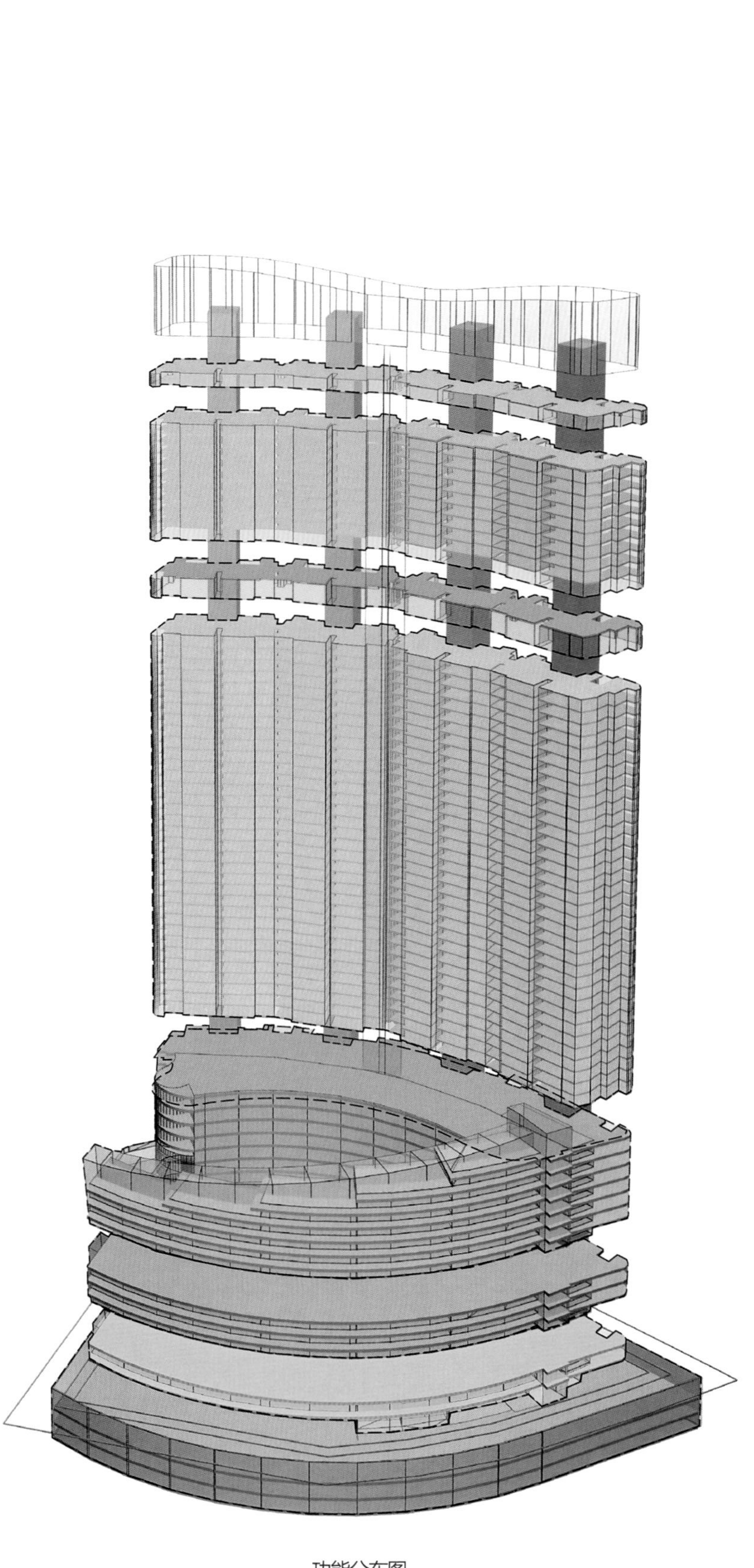
功能分布图

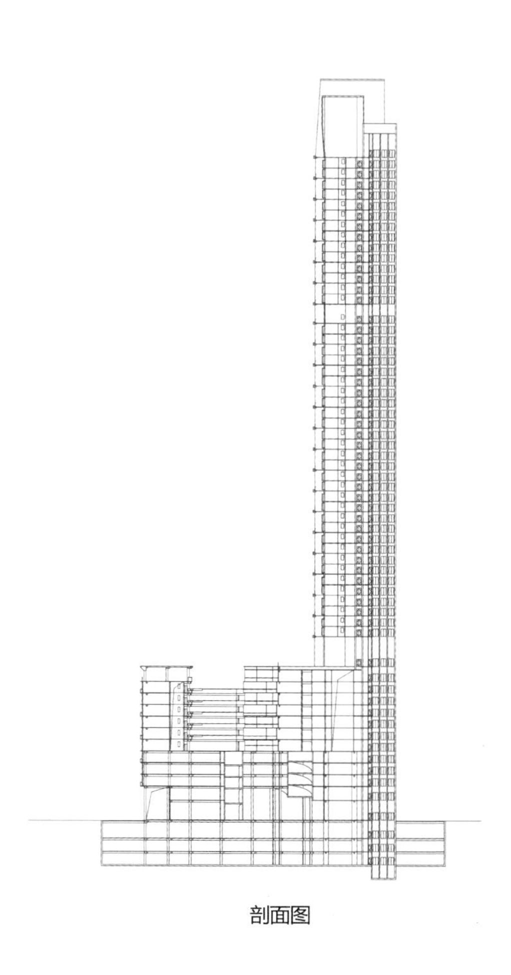
剖面图

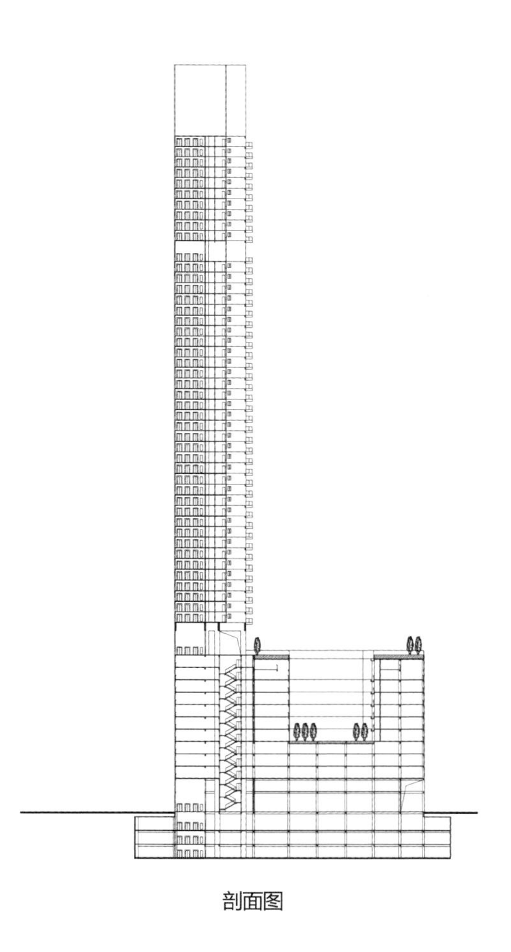
剖面图

+ 客户名称：招商证券股份有限公司
建设地点：广东省深圳市
建筑规模：8.13万平方米
层数/高度：34层/180米
设计时间：2008年
合作单位：英国RMJM建筑事务所

CHINA MERCHANTS SECURITIES BUILDING
招商证券大厦
180米标志性总部大楼

项目概况 PROJECT OVERVIEW

+ 招商证券大厦位于超高层办公楼云集的福田中心区南区，是招商证券股份有限公司在深圳建立的标志性总部大楼。大厦严格按照21世纪国际金融大厦标准进行设计，既表现出强烈的现代感又凸现中国文化的元素，集办公、会议、培训、证券交易、商务会所、展览展示等多种功能为一体，建成后将成为世界证券行业一流总部办公及深圳中心南区地标性建筑。

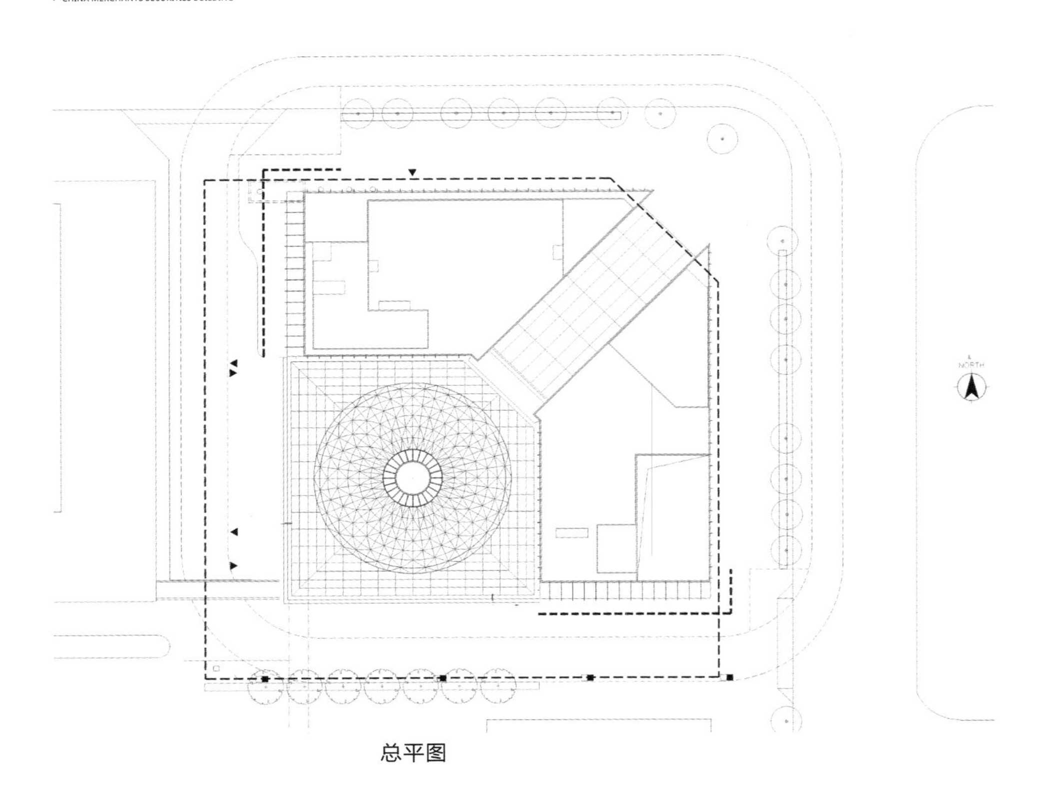

总平图

总体规划布局及设计特色
SITE PLANNING AND DESIGN FEATURES

+ 项目主体为一对180米高的L型双塔办公楼，围合出建筑物的庭院空间，象征中国古代青铜敦器坚固形象的交易大楼矗立其中。

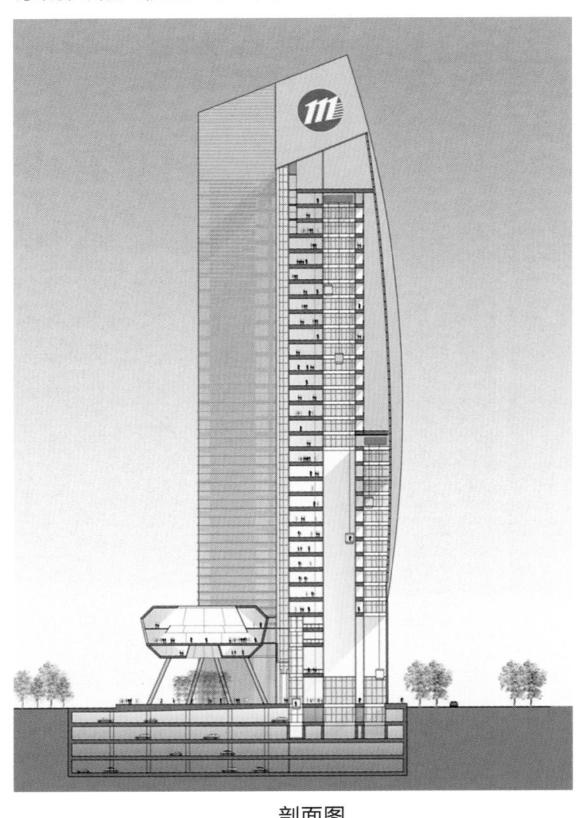

剖面图

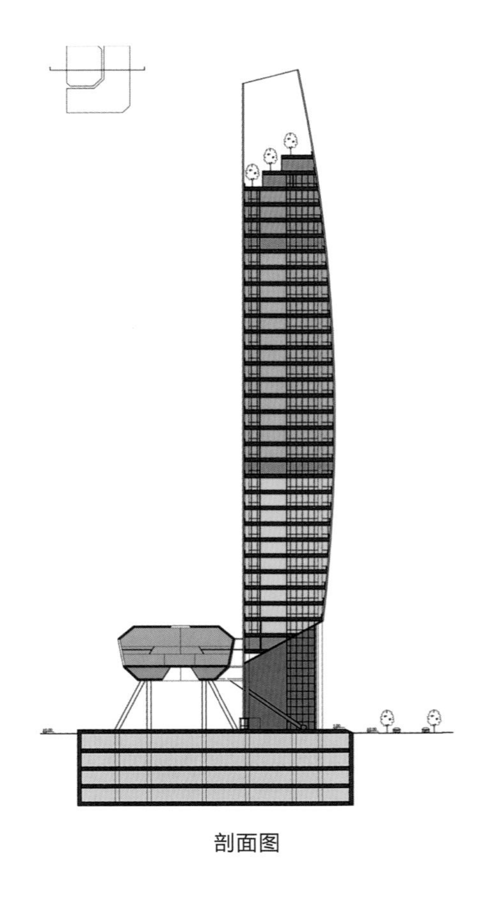

剖面图

+ 招商证券大厦摒弃传统的方形超高层塔楼形象，采用L形塔楼布局强化街角的的建筑体量。结合片区周边建筑的高度，顶部采用了倾斜的手法，在福华一路与民田路交汇处形成制高点，呈“统领片区建筑形象、打开城市门户”之势，极好地融入与提升了城市整体形象。半围合型的塔楼分隔出临街的外部空间与朝向公园的内部空间，利用建筑的形态及首层的通透性使大厦首层大堂与街区内庭公园从视觉上相互交融，互为映衬。

+ **大堂**：四层通高的入口大堂，打造大气豪华的公共空间。

+ **交易厅大楼**：采用中国古代器具“敦”的造型，以生生不息、广纳四方之财的建筑意向，由外部律动之立面及细腻大气之内部空间，交织出福田中心区之永恒地标。象征招商证券的古铜敦艺精湛，能固四方祥和之气，其独特的形态及饰面展现出招商证券辉煌的历史成就及“敦行致远”的企业精神。

+ **出租办公区**：6~15层为出租办公楼层，由一组4部电梯到达。

+ **招商证券办公区**：17~29层为招商证券办公区，由一组6部电梯到达。电梯大堂东北的三层架空令景观更开阔。

+ **行政办公区**：31~33层为行政办公楼层，可由贵宾电梯及招商员工电梯到达。行政办公楼层深、阔均与下层的招商证券办公楼层相同，灵活性甚高，易于就特别要求作出布局。

+ **会所**：位于塔楼顶层两层，可由贵宾电梯到达，分为商务、节庆及休闲区。商务区位于会所低层北翼，面向空中花园，包括会议室、接待区及酒吧及酒廊区；节庆区包括招商证券贵宾厅及宴会厅。贵宾厅位于塔楼两翼间的中央地区，特色是全景玻璃幕墙及天花；宴会厅位于塔楼东翼，天花及墙壁均为玻璃，厨房与地下厨房以货梯直接连接。

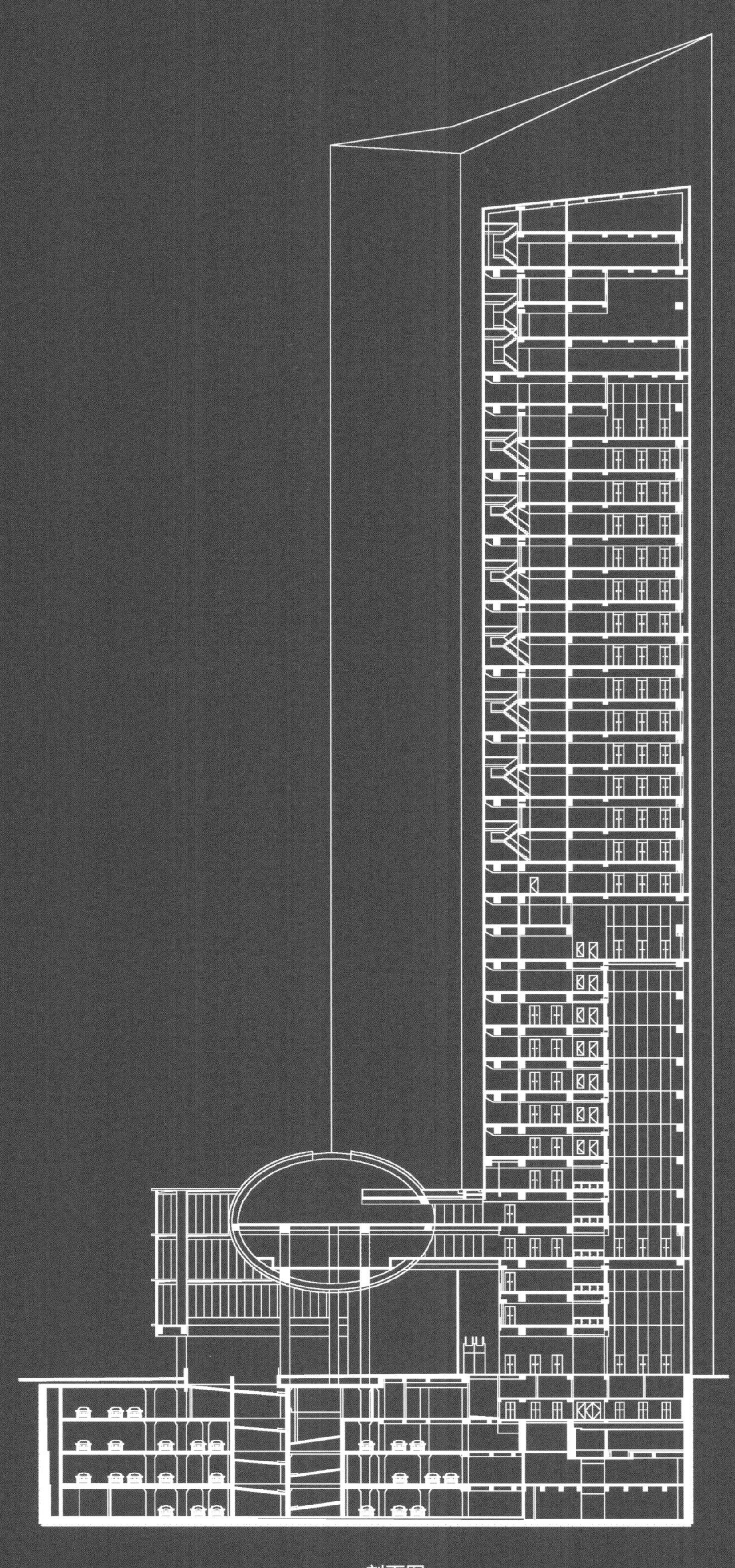

剖面图

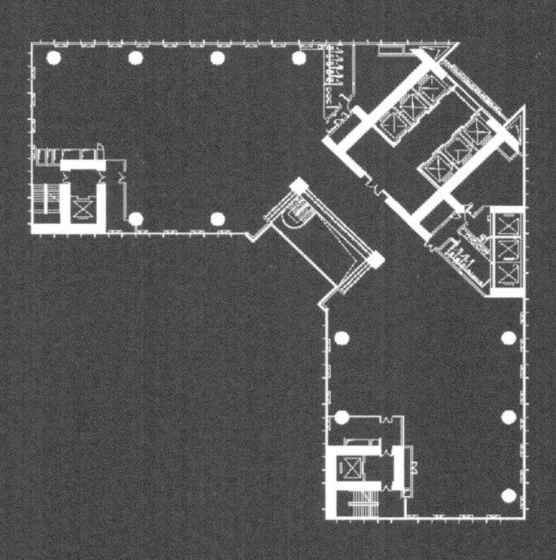

16～26偶数层平面

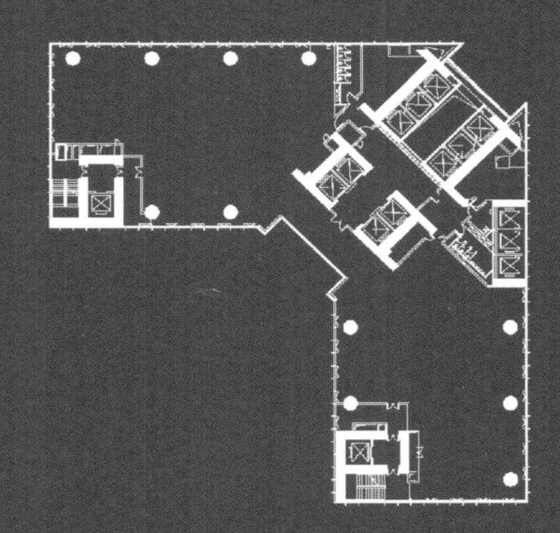

7~11层平面

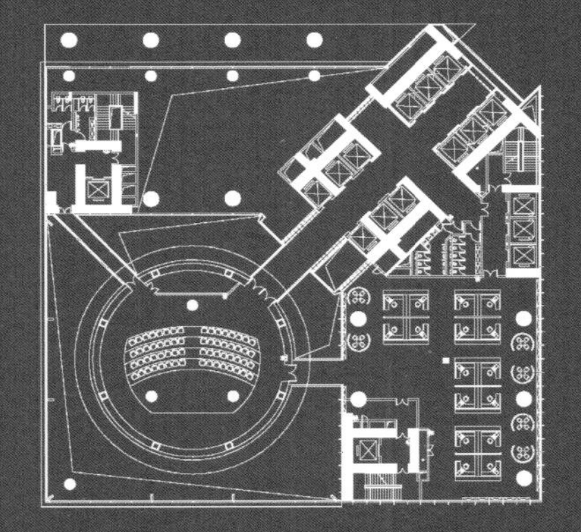

3层平面

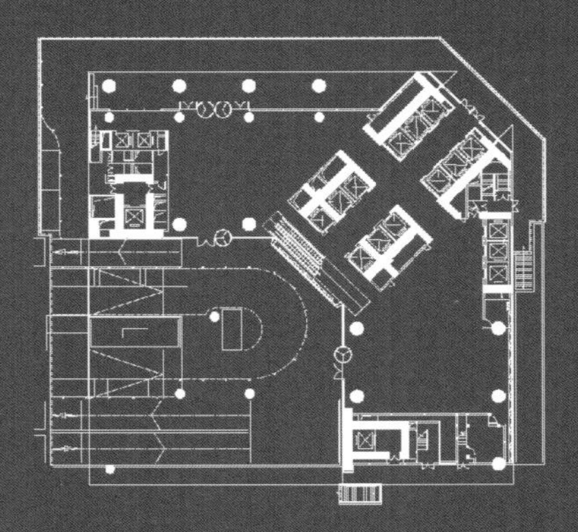

1层平面

+ 客户名称：华尔登实业（南昌）有限公司
建设地点：江西省南昌市
建筑规模：14.18万平方米
层数/高度： 50层/225米
设计时间：2007年

WALL STREET PLAZA
华尔街广场
225米红谷滩超高层地标

项目概况 PROJECT OVERVIEW

+ 华尔街广场位于南昌市红谷滩中心区，北临红谷大道，西临春晖路，南临赣江，与滕王阁隔江相望，地理位置十分显赫。项目占地13443平方米，总建筑面积14.18万平方米，集办公、酒店、商业于一体，与金融大街、新地中心并称南昌三大超高层标志性建筑。

理念及定位 DESIGN CONCEPT

本项目是三种复合功能的高端物业形态的聚合，其形成的多功能、高效率的综合空间以225米的超高层建筑形象展示，彰显并提升整个城市的投资和商业价值，成为南昌城市发展的对外形象窗口。我们对项目的设计立意始终贯穿整个项目的实施。

+ 充分体现建筑设计特色和风格——标志性和时代性。
+ 塑造建筑空间的层次感，营造外部及内部空间的动态变化；妥善考量地形，形成城市空间的延伸和拓展。
+ 功能上力求动静分区明确，避免不同功能间的相互穿插和干扰。
+ 建筑立面追求简约大气，通过技术解决好保温、通风、采光和降噪等问题。
+ 注重新技术，新工艺，新材料的应用，满足建筑节能环保舒适的要求。
+ 在力求建筑空间的通用性和可变性的同时，以节约工程造价为基础，来控制建筑体型和建筑面积，寻求达到合理建筑经济性要求。

Sheraton
南昌喜来登酒店

总体规划布局 SITE PLANNING

+ 项目处于两主干道的十字交叉口，标识性强烈。为使各建筑单体的标志性、朝向及景观均好性达最大化，把225米高的办公楼放到地块西边，办公楼与南北向成45度夹角，错开与南面国税大厦的对视；100米高的喜来登酒店设置在地块东边，呈折板形，最大化布置沿江风景客房。两塔楼间距达21米，由5层高端商业裙房连接。高中低的形体配置，大中小的使用规模组合，既符合中心区的规划定位，又形成错落有致的城市空间。

办公楼

+ A座办公楼高225米共50层，定位为高端甲级写字楼。塔楼分高中低三区，每区设3至4部客用高速电梯，解决高峰期的人流问题。

+ 标准层面积由1500~1250平方米不等，逐层减少，既控制在一个防火分区之内，又满足造型的要求。柱位的巧妙布置，使平面划分灵活多变。

+ 层高4米，净高3.2米以上，办公空间更具可塑性和舒适性。

+ 办公楼的形体及立面处理赋予“节节高升，顶天立地”的含义，饰以竖线条的幕墙檩条，形成丰富的建筑层次，塑造整体上扬的积极态势。

酒店

+ B栋喜来登酒店是世界500强喜达屋酒店集团高端品牌成员。

+ 高100米共26层，裙房1~6层为酒店配套设施包括自助餐厅、全日中餐厅、KTV、水疗及健身设施、多功能会议厅和大型宴会厅等；7层为酒店管理层办公用房。8~26层为客房层，共19层418个开间，其中25~26层为行政酒廊及总统套房层。

+ 标准层面积1400~1500平方米，每层设22个开间及一个服务间，每个开间面积达40平方米以上。

+ 酒店标准层高为3.4米，空间舒适宜人；25~26层层高为3.8米，尊显高贵品质。

+ 酒店入口雨蓬高10米，凸显辉煌气派。塔楼以简洁的竖线条处理，与办公楼立面和谐统一。塔楼内转角面设计景观阳台，消除内角的生硬感觉，同时使建筑舒展开来。

Sheraton

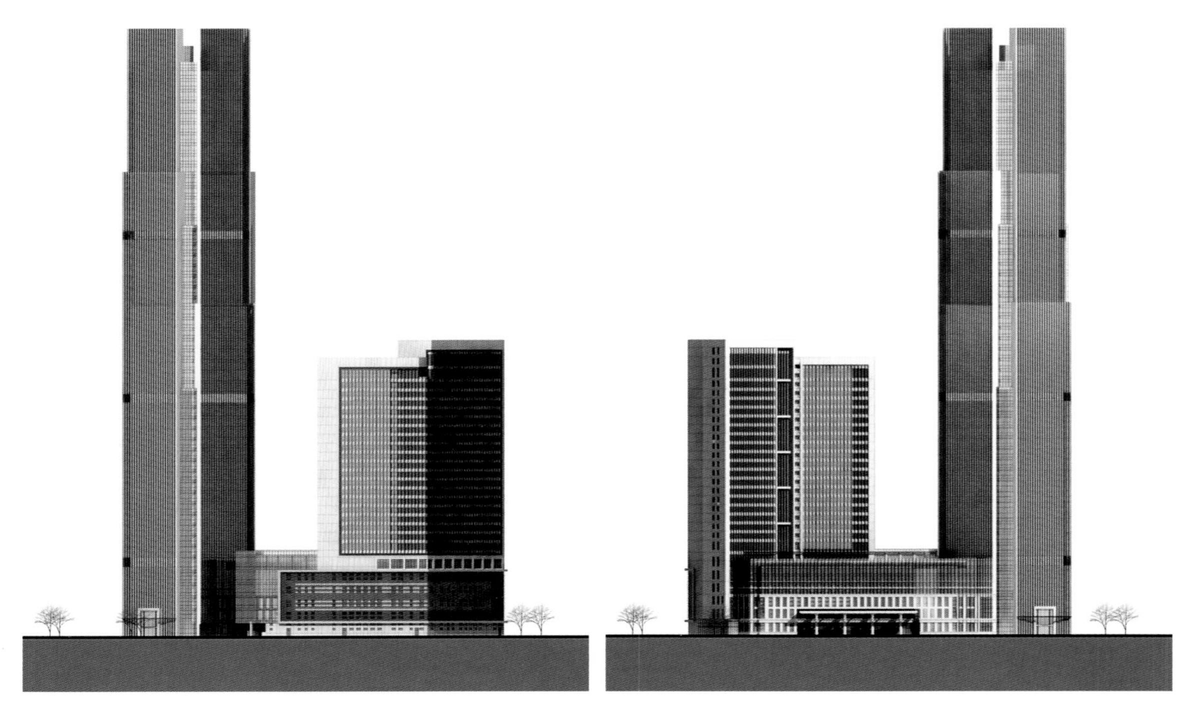

南立面图　　北立面图

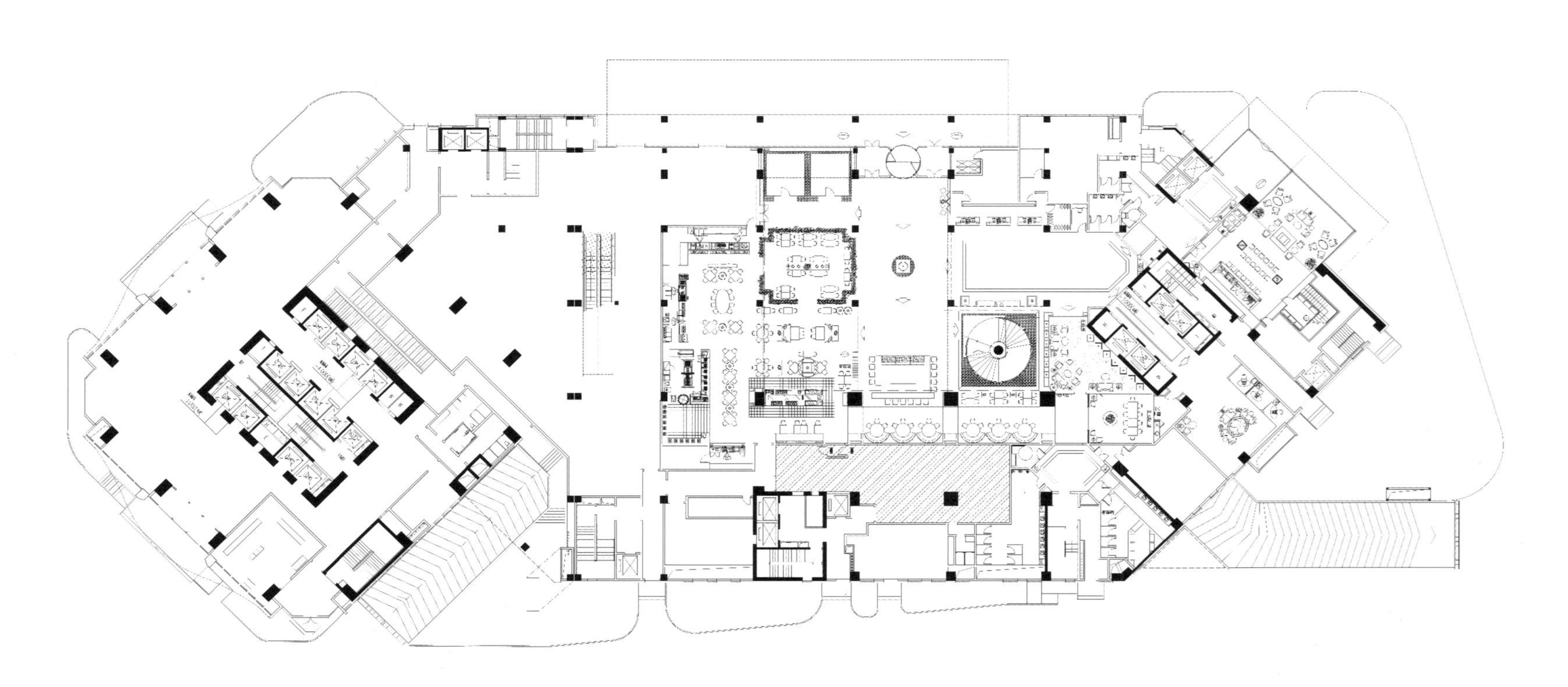

1层平面图

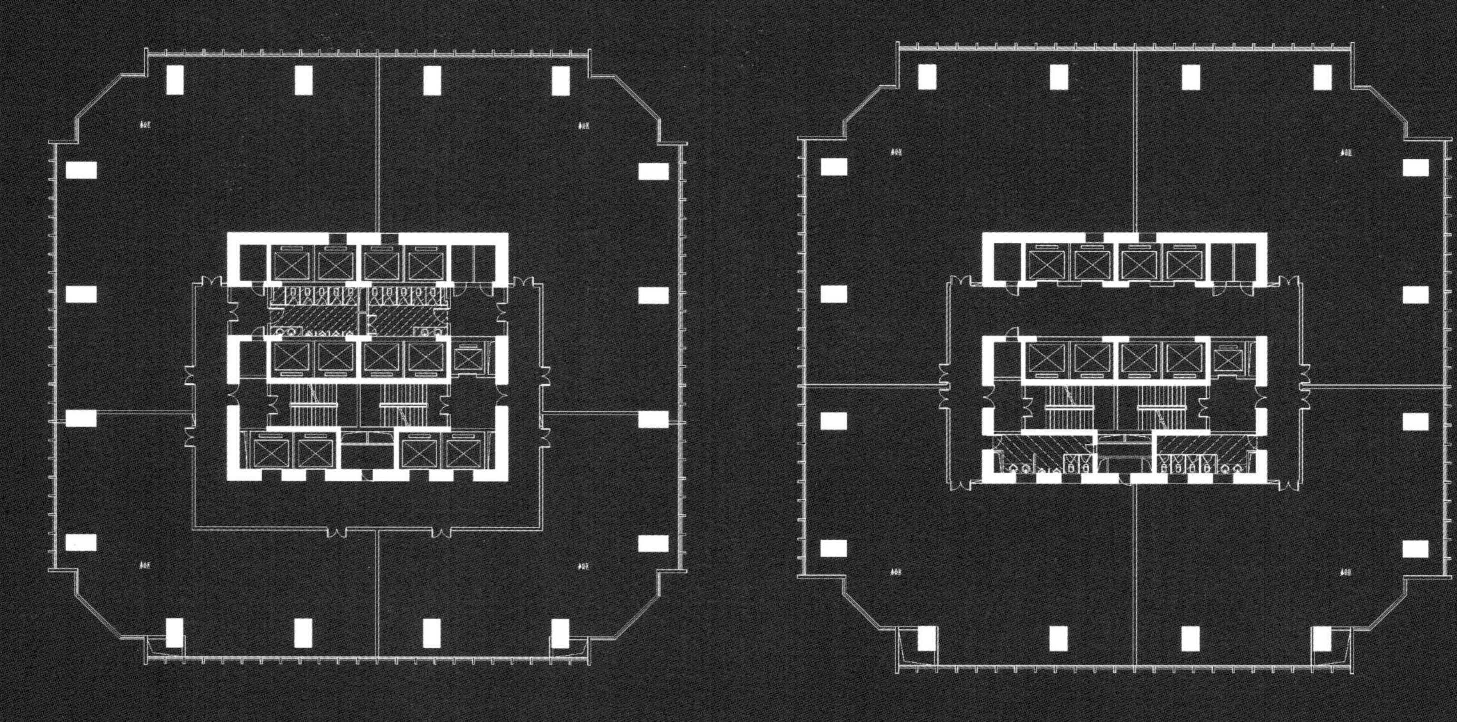

办公标准层

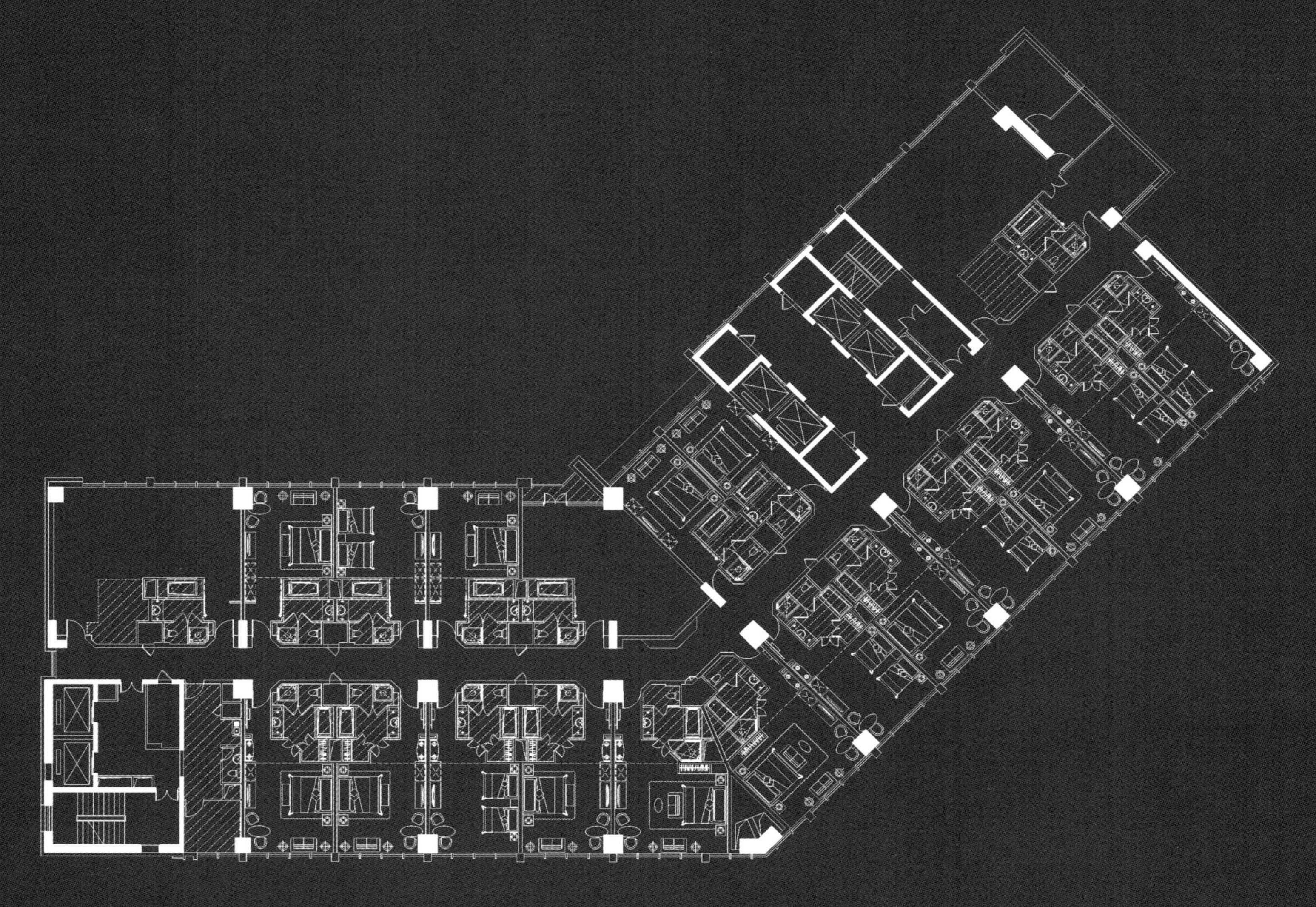

酒店标准层

+ 客户名称：内蒙古民族集团
项目地点：内蒙古呼和浩特
建筑规模：42.16万平方米
层数/高度：35层/160米
设计时间：2012年

MINZU TIMES SQUARE
民族时代广场
160米新华大街城市综合体

项目概况 PROJECT OVERVIEW

+ 项目地块处于内蒙古呼和浩特市的新华大街上，处于城市的核心区，总体目标是要表达建筑身份、创造城市地标，打造高端活力城市综合体。规划设计过程中充分利用地块拥有的城市资源加以提升挖掘，紧跟时代的潮流，方案设计不追求“标新立异”，而是以朴质、细致的手法，创造一个富含时代气息的城市生态商务办公中心。

TIME PLAZA

总体规划布局 SITE PLANNING

+ 项目用地东西宽约191米，南北长约225米，在迎宾北路靠北侧设置一条8米宽东西走向的道路，将地块分为南、北区。南区主要设置两栋160米塔楼和5层大型购物中心。塔楼为方形平面，通过平面切角的手法，使得塔楼端正且有挺拔感，形成强有力的视觉冲击力；玻璃幕墙干净利落，简洁大气，符合城市和企业的积极向上的形象要求；北区主要设置商业街、酒店式公寓、公寓。利用地块中道路的划分，巧妙的商业划分两种业态，即大型商业购物中心和多层商业街，及满足项目整体对商业面积的需求，同时丰富了商业业态及空间的多样性，创作有利条件营造活力的商业场所。南区塔楼及商业裙房表达建筑身份、创造都市地标，北区商业街及公寓融合城市空间、营造活力场所。

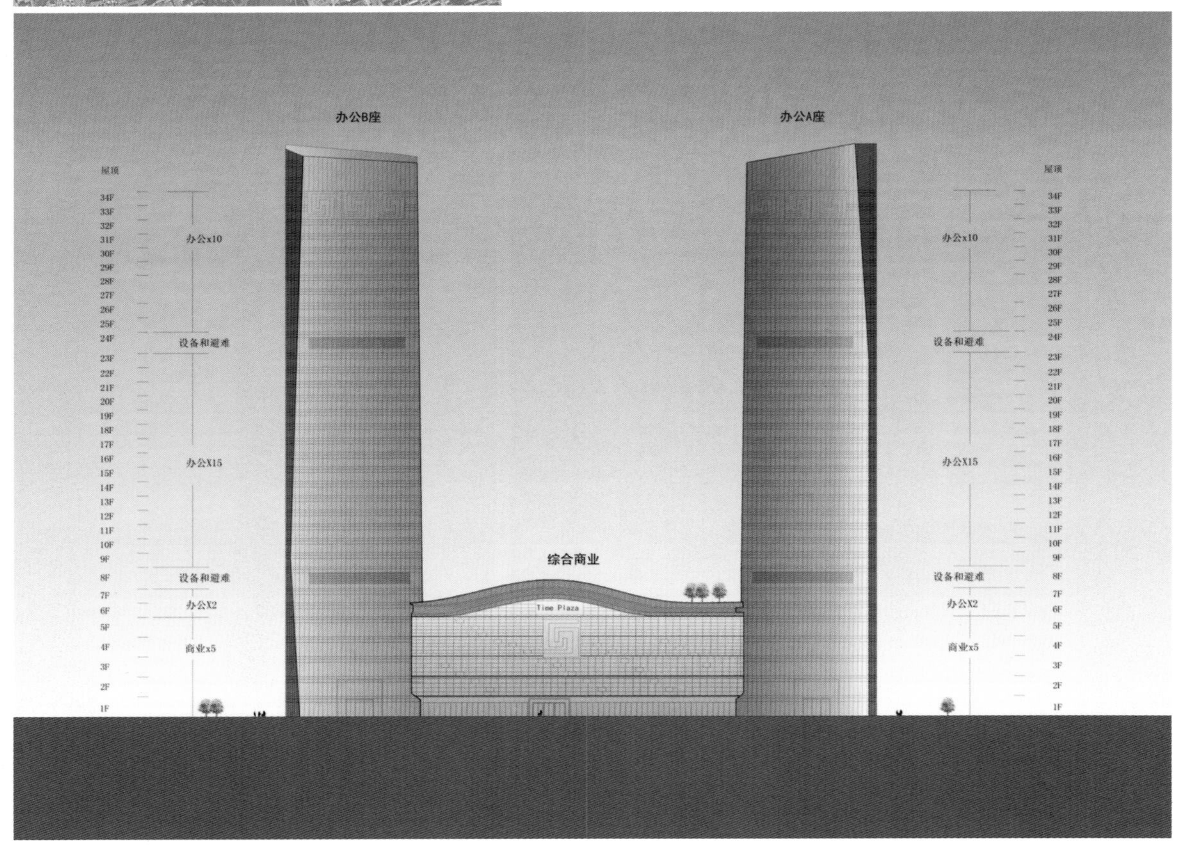

TIME PLAZA

+ 客户名称：东莞市嘉宏房地产公司
项目地点：广东省东莞市
建筑规模：17.5万平方米
层数/高度：50层/220米
设计时间：2012年

JIAHONG CENTER
嘉宏中心
220米东莞中心商业综合体

项目概况 PROJECT OVERVIEW

+ 嘉宏中心项目用地位于广东省东莞市中心区，临近东莞市中心区中轴线及东莞会展中心，地理位置优越、交通便利，为打造国际化城市商业综合体创造了条件。

+ 项目用地呈矩形，较规则，地势南高北低，最大处高差近7米。地块北接城市快速干道东莞大道，是项目面对城市的主要形象展示面，用地南侧可远眺黄旗山公园，有较好的景观视野。项目用地面积不大，规划规定的塔楼及裙楼可建范围较局促，对规划布局限制较大，与甲方希望突出项目体量与气势的愿望有一定矛盾，因此如何充分利用用地，尽可能突出项目，塑造形象鲜明的建筑群体是本案的首要考量重点。

+ 作为东莞市重要的超高层建筑地标、商业综合体，设计从地域文化与企业理念等多个角度出发，寻找最能体现城市特色与甲方诉求的建筑形象与空间模式。采用现代简洁的建筑语汇、灵活丰富的空间形态，力图通过设计最大化挖掘地块价值，增强项目的辐射影响力，打造不负于城市的独具特色的“企业标签”。

Givenchy
SUAREZ
Benetton
FENDI

+ 客户名称：杭州亿丰亿盛置业有限公司
项目地点：浙江省杭州市
建筑规模：44.3万平方米
建筑高度：220米
设计时间：2012年

LOGISTIC DISTRICT BUSINESS TOWER
农副产品物流中心商务港
220米助力杭州“构筑大都市，建设新天堂”

项目概况 PROJECT OVERVIEW

+ 杭州农副产品物流中心是杭州市“构筑大都市，建设新天堂”战略目标中重点项目之一。本案用地为杭州市农副产业交易中心的商务中心功能块，兼具园区对外展示、沟通及对内服务、配套职能。

+ 本案分为会展、商业、酒店和住宅四个功能块，希望各功能块之间共生共融，促进商业与商业步行街联动、会展与交流平台联动，打破各功能之间的孤立状态，打造一个立足于杭州本地文化，功能之间相对独立又互相辉映、提升，具备文化特质与现代气息的园区“中心体”。

客户名称：中兴通讯股份有限公司
建设地点：广东省深圳市
建筑规模：6.3万平方米
层数/高度：36层/155米
设计时间：2002年
竣工时间：2005年
获奖情况：深圳市第十二届优秀工程勘察设计公共建筑一等奖、
深圳市30年30个特色建筑项目

ZTE R&D BUILDING
中兴通讯研发大楼
155米高新区500强企业总部

项目概况 PROJECT OVERVIEW

中兴通讯研发大楼位于深圳高新科技园南区，是独具中兴通讯企业形象特色的总部兼研发大楼，对于提升中兴通讯公司品牌形象具有至关重要的作用。

ZTE中兴
STR

设计特色 DESIGN FEATURES

+ 研发大楼设计与一期工程相呼应，代表中兴通讯进入21世纪的新形象，成为深圳高新区新的制高点。

+ 多样性、独特性以及周围环境密切的联系是本设计构思的基本理念：主楼从一期工程设计中提炼出具有标识性的建筑元素，融入大楼的整体造型，通过形体弧面的重复变化达到多样性与整体性间的微妙平衡。

+ 充分体现超高层建筑生态化、人性化的空间环境追求：利用超高层建筑较小的占地率组织大面积整体的地面绿化系统，使建筑生于绿色之中，在东侧与大楼布置的绿化空间是场地内空间层次的积极补充，提供自然、开放的人性化场所。

+ 充分体现技术进步的超高层建筑和生态的、人性化的空间环境追求。

ZTE中兴
滨海大道
科技南七路
滨海大道
科技南七路

+ 客户名称：加福投资（深圳）有限公司
建设地点：广东省深圳市
建筑规模：18.75万平方米
层数/高度： 57层/193米
设计时间：1993年
建成时间：2005年（B座）、2006年（A座）

FOUR POINTS BY SHERATON SHENZHEN 福朋喜来登酒店

193米深圳福田保税区地标建筑

项目概况 PROJECT OVERVIEW

+ 加福广场地处深圳福田保税区，紧邻市中心CBD区和皇岗地铁口岸，坐拥自然保护区米埔湾畔、红树林及后海湾天然景致，地理位置优越。项目由两座塔楼与六层裙房组成，集五星级福朋喜来登酒店、商务公寓、豪华住宅华尔登府邸及购物商场于一体，坐观深港两地景致，气势磅礴不凡。

FourPoints
Sheraton
福田保税区
FUTIAN FREE TRADE ZONE

总体规划布局及设计特色
SITE PLANNING AND DESIGN FEATURES

+ 项目总占地面积2.1万平方米，总建筑面积18万平方米，由A、B两座塔楼与六层裙房组成。A座29层，建筑高108米，B座57层建筑高193米；地下三层主要为停车场和设备用房，1～6层为大型购物、休闲美食天地。A座7～28层和B座7～16层为喜来登酒店；B座18～56层为华尔登府邸，顶层配有直升机平台。

+ 深圳福朋喜来登酒店是喜达屋酒店及度假村集团(Starwood Hotel & Resorts)落户深圳的首家品牌酒店，以提供全方位酒店品牌服务而著称。共453套客房，拥有顶级休闲设施，先进时尚健身中心，拥有国际顶级商务空间，设有现代视听设备和无线上网功能的多功能厅、会议厅、宴会厅和商务中心；拥有多种美食天地，汇聚各地美食于一身。

+ 设计将多元复杂的功能融于一体，分区合理，人流及交通组织顺畅。建筑造型双塔并立，外观独树一帜，卓然不群，运用了体型叠落、转折、切角等手法，变化丰富、错落有序，以“面向四方”为基本思想，使之从各个方向均有良好的视觉效果。

酒店内部空间

FourPoints by Sheraton Shenzhen
福朋喜来登酒店

+ 客户名称：深圳新浩房地产有限公司
建设地点：广东省深圳市
建筑规模：13万平方米
层数/高度：48层/200米
设计时间：2004年
竣工时间：2005年

GOLDEN CENTRAL TOWER
金中环商务大厦
200米福田中心区商务地标

项目概况 PROJECT OVERVIEW

+ 金中环商务大厦位于深圳福田中心区南区，占地7386平方米，总建筑面积13万平方米，是一座集5A写字楼、酒店公寓、商务公寓和裙房商业于一身的高端商务大厦。项目位于深圳地铁1号线和4号线交汇点，紧邻国际会展中心及“城市大客厅”——百米范围内聚集了星河丽思卡尔顿、喜来登、香格里拉等五星级酒店——并在地下一层直接连接十多万平米的福华地下商业街、中轴晶岛国际和怡景中心城等大型商业中心；特有的酒店式服务以及独创的5A智能化系统配以31个空中花园设计，是新一代生态办公典范。

金中环
8381 2888
金 中 环

+ 客户名称：深圳市祥南置业有限公司
建设地点：广东省深圳市
建筑规模：7万平方米
层数/高度：32层/178米
设计时间：2005年
竣工时间：2008年
获奖情况：2009年度全国优秀工程勘察设计行业建筑工程三等奖
2009年度广东省优秀工程勘察设计工程设计二等奖

MODERN BUSINESS BUILDING
现代商务大厦
178米深圳福田中心区超高层办公楼

项目概况 PROJECT OVERVIEW

+ 现代商务大厦位于深圳福田中心区南区金田路与福华路交汇处，紧邻国际会展中心。项目是一栋超高层办公楼，地上32层，地下3层，总高为178米。其中裙房1~5层为商业，屋顶花园结合4、5层的餐厅形成内外连贯的小天地；6~32层为写字楼，层高4.2~6.6米，空间灵活多变，内部无柱，适合于各种大小空间的划分；其中高区31、32层是针对高端大客户量身定制的空中复式大办公空间。项目造型优雅、挺拔，建筑立面采用竖挺不锈钢和铝合金饰面，立面玻璃幕墙采用双层灰色玻璃（均作低反射镀膜处理），达到良好的经济性和视觉效果。建筑主体西北角局部采用三角型切割的手法，给人以钻石般闪亮的视觉冲击。

现代国际
88809999
1-5
层商铺全球

CLASSICS

奥意超高层经典项目

客户名称：深圳新闻文化中心有限公司
建设地点：广东省深圳市
建筑规模：8.17万平方米
层数/高度：38层/168米
设计时间：1993年
竣工时间：1996年
获奖情况：2000年信息产业部优秀设计一等奖
2001年建设部优秀设计三等奖
深圳市八大文化建筑之一

NEWS BUILDING
新闻大厦

客户名称：深圳市国税局
建设地点：广东省深圳市
建筑规模：8.1万平方米
层数/高度：38层/183米
设计时间：1997年
竣工时间：2000年
获奖情况：深圳市第十届优秀工程勘察设计规划奖，二等奖
广东省第十一届优秀工程设计奖，三等奖

GUOSHUI BUILDING
国税大厦

客户名称：深圳市赛格工程公司
建设地点：广东省深圳市
建筑规模：14.8万平方米
层数/高度：39层/150米
设计时间：1997年
竣工时间：2001年
获奖情况：2002年深圳市第十届优秀工程勘察设计一等奖
2002年信息产业部电子工业优秀勘察设计一等奖
2003年广东省第十一次优秀工程设计二等奖

QUNXING BUILDING
群星广场

QINGTIAN BUILDING
擎天华庭

客户名称：深圳拓劲房地产开发有限公司
建设地点：广东省深圳市
建筑规模：13.4万平方米
层数/高度：38层/137米
设计时间：2008年-2010年

YISHAN GARDEN
倚山花园

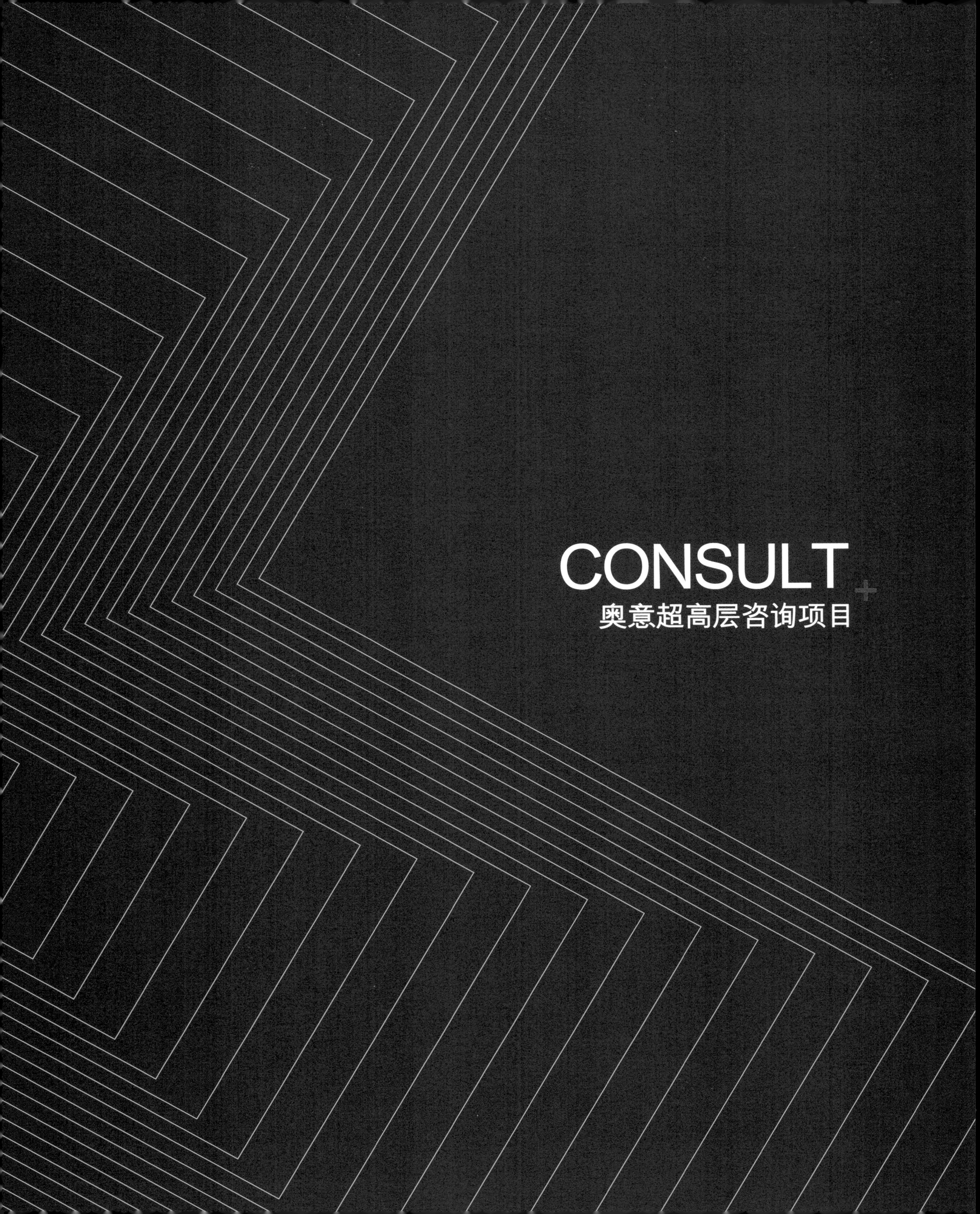
CONSULT
奥意超高层咨询项目

卓越·皇岗世纪中心

审图时间：2008年3月
建设地点：深圳市福田中心区
建设单位：深圳卓越世纪城房地产开发有限公司、深圳市皇岗实业股份有限公司
建筑规模：437952.02平方米
建筑高度：279.9米
功能类别：办公、商业、公寓

深圳证券交易所广场

审图时间：2008年4月
建设地点：深圳福田中心区
建设单位：深圳证券交易所（深圳证券交易所营运中心管理有限公司）
建筑规模：267341.07平方米
建筑高度：228米
功能类别：办公

华强广场

审图时间：2005年9月
建设地点：深圳华强北路西侧
建设单位：深圳华强房地产开发有限公司
建筑规模：239413.54平方米
建筑高度：157米
功能类别：办公、商业、公寓

中航广场

审图时间：2010年12月
建设地点：福田区华福路
建设单位：深圳和记黄埔中航地产有限公司
建筑规模：238645.5平方米
建筑高度：220.8米
功能类别：办公、商业、公寓

中国移动深圳信息大厦

审图时间：2010年12月
建设地点：深圳市中心区
建设单位：中国移动通信集团广东有限公司深圳分公司
建筑规模：103174.71平方米
建筑高度：160米
功能类别：办公

福田科技广场

审图时间：2008年10月
建设地点：深圳市福田区深南路与皇岗路交汇处西北角原福田区委旧址
建设单位：深圳市福田区建筑工务局、金地公司
建筑规模：281790.68平方米
建筑高度：177.42米
功能类别：办公、商业

太平金融大厦

审图时间：2010年11月
建设地点：深圳中心区
建设单位：太平置业（深圳）有限公司
建筑高度：223米
功能类别：办公

天安高尔夫珑园

审图时间：2005年8月
建设地点：深圳市福田区天安商业区
建设单位：深圳市天安数码城有限公司
建筑规模：149155平方米
建筑高度：136.5米
功能类别：住宅

江阴海澜财富中心

审图时间：2011年6月~2012年3月
建设地点：江苏省江阴市
建设单位：江阴海澜集团
建筑规模：225000平方米
建筑高度：243米
功能类别：办公

嘉里二期

审图时间：2009年5月
建设地点：深圳市福田区福华路与益田路交汇处
建设单位：嘉里置业（深圳）有限公司
建筑规模：102948.54平方米
建筑高度：188.65米
功能类别：办公

绿景大厦

审图时间：2006年11月
建设地点：深圳车公庙商业区
建设单位：深圳市上沙实业股份有限公司、深圳市绿景房地产开发有限公司
建筑规模：128798平方米
建筑高度：255米
功能类别：办公

INTRODUCTION

奥意建筑

奖
企业
书
一等奖
广东省工程勘察设计行业协会
二○一一年
2011年度广东省优秀工程设
企业名称
发证时间
批准机关

Shenzhen A+E design Co., Ltd.

COMPANY INTRODUCTION

奥意公司简介

+品牌愿景：传承历史 创新未来　+品牌意义：奥妙意境

+A+E 涵义解析：

A=奥　E=意　英文“A+E”的中文谐音巧妙地构成了中文“奥意”的全部语境。

A代表 Architectural engineering（建筑工程） Architect（建筑师）

E代表 Electronics engineering（电子工程） Engineer（工程师）

+ A+E奥意建筑是一家在超高层建筑、高新科技建筑、商业建筑、居住建筑专业领域，为追求卓越的客户提供全过程设计咨询的知识型服务公司。我们始终坚持“以客户为中心”的服务宗旨，深刻理解项目目标和客户需求，力求通过市场的洞察、专业的技术、卓越的服务、优质的资源，智慧地创造优质城市空间，增加客户价值。

+ A+E奥意建筑前身为深圳电子院，1983年成立，是国投集团中国电子工程设计院的控股公司，经历三十年历史传承和创新发展，在行业中享有卓越声誉。目前拥有建筑工程、电子工程、智能化设计甲级以及城市规划、风景园林乙级资质，是中国建筑学会工业建筑分会副理事长单位、深圳市勘察设计行业协会副会长单位，是“国家高新技术企业”、“深圳市重点文化企业”。

+ A+E奥意建筑坚持“区域化、专业化、一体化”的发展策略，以深圳总部为平台，在南京、合肥、重庆、天津、内蒙设有服务区域市场的分支机构，积极参与中国城市化的进程，为客户提供咨询、规划、建筑设计、景观设计、智能化设计、施工图审查等专业服务，尤其专注于超高层建筑、高新科技建筑、商业建筑、居住建筑研究与设计；专注于为高新科技产业发展提供从园区规划、项目咨询、工程设计到工程总包管理的全过程综合解决方案服务。

+ A+E奥意建筑注重人才发展，拥有600多名优秀员工和一批技术、管理的领军人才，总图规划、建筑、结构、给排水、暖通空调、气体动力、电气、通信信息、工艺、概预算、园林景观、项目管理等各类专业技术人才占90%以上，国家设计大师1名，享受国家特殊津贴专家4名，国家和广东省超限高层建筑审查专家6名，研究员级高级工程师、高级工程师160多名，一级注册建筑师、规划师、结构师及设备工程师100多名。

+ A+E奥意建筑三十年来完成各类建筑工程、电子工程设计和项目管理超过1.5亿平方米，业务遍及珠三角、长三角、环渤海经济圈和西部，完成了江阴龙希国际大酒店（328米）、深圳东海国际商务中心（308米）、南宁龙光世纪中心（368米）、厦门世贸海峡大厦（300米）、东莞环球经贸中心（289米）、合肥栢悦中心（249米）、湖州东吴国际广场（288米）、厦门中航紫金广场（194米）、华星光电TFT-LCD8.5代线、天津富士康工业园、深圳中兴通讯研发大楼、深圳长城计算机生产基地、深圳电子科技大厦、深圳群星广场、深圳JW万豪酒店、无锡万达商业广场、合肥财富广场、吴江青少年活动中心、深圳香蜜湖一号住宅、深圳水榭山、深圳中信红树湾等系列重大项目设计工作，荣获国家级金奖、银奖、科学进步奖和省部市级优秀设计奖200多项。

+ A+E奥意建筑倡导“创新、合作、追求卓越”的精神，秉承“慧筑城市，绘筑梦想”的企业愿景，专业解决工程设计问题，不断为客户创造价值，促进行业发展，致力于成为中国一流的工程设计咨询服务公司。

FOUR BUSINESS SECTIONS

四大特色业务板块

+A 超高层建筑

引领中国超高层综合体时代前沿

江阴龙希国际大酒店

合肥栢悦中心

深圳东海国际中心

湖州东吴国际广场

东莞环球经贸中心

南宁龙光世纪中心

厦门世茂海峡大厦

厦门中航紫金广场

+B 高新科技建筑

推动高新科技产业创新历程

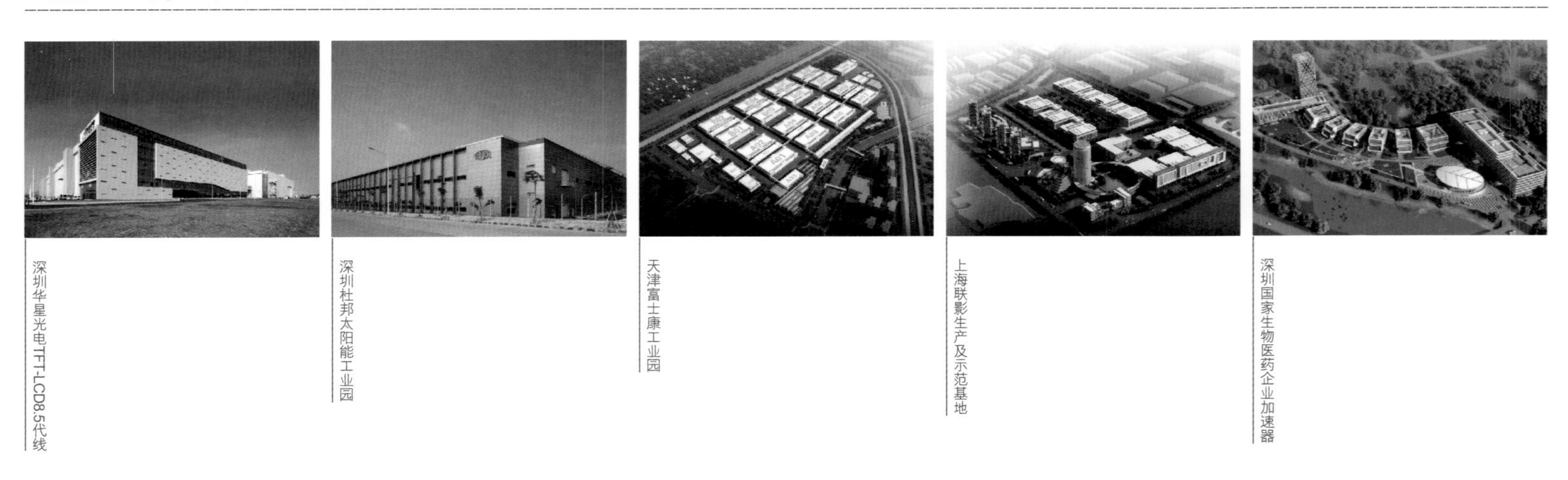

深圳华星光电TFT-LCD8.5代线

深圳杜邦太阳能工业园

天津富士康工业园

上海联影生产及示范基地

深圳国家生物医药企业加速器

C 商业建筑

开创体验型商业新纪元

无锡滨湖万达广场

深圳JW万豪酒店

中国宜家家居系列

深圳金地大百汇

深圳卓越城

D 居住建筑

开启和谐人居新篇章

深圳水榭山

惠州畔山豪庭高尔夫别墅

肇庆金凯盛誉城

深圳中信红树湾

深圳圣莫丽斯

川群星广场
0米/14.8万平方米

深圳国税大厦
183米/8.1万平方米

公司改制

1998

店
方米

深圳擎天华庭
168米/9万平方米

深圳中兴通讯研发大楼
155米/6.3万平方米

深圳金中环商务大厦
200米/13万平方米

2004

进入新世纪，国内摩天大楼热潮日趋猛劲。奥意在整合资源基础上强化自主创新能力，在关注城市文脉、城市空间环境的同时融入多项领先科技，创作出以江阴·龙希国际大酒店为代表的大批原创精品项目。

2005

深圳现代商务大厦
178米/7万平方米

东莞环球经贸中心
289米/26万平方米

奥意建筑30年，引领超高层时代前沿

1979
进入深圳

1980

八十年代，深圳开始第一轮开发建设热潮。当时国内尚无高层设计规范，设计经验更是无从谈起。奥意克服种种困难，创造性完成当时深圳第一栋高层建筑——深圳电子大厦的设计工作（2006年被评为深圳十大历史性建筑），并先后设计了爱华大厦、长安大厦等项目，开创深圳高层建筑设计的先河。

1983
公司创立

深圳电子大厦
69.4米/1.5万平方米

1988

深圳电子科技大厦
182米/17.2万平方米

1993

九十年代，高层超高层项目大量涌现，奥意参与了大量高层超高层项目的设计，功能涵盖写字楼、酒店、商业等多个方面。新闻大厦、国税大厦、群星广场、福朋喜来登酒店等一批具有突出社会影响力的重要建筑，为深圳早期超高层的发展作出了重大的贡献。

深圳新闻大厦
168米/8.17万平方米

深圳福朋喜来登
193米/18.75万

199

深
15

慧筑城市的高度

+厦门
世茂海峡大厦
300米

+深圳
东海国际中心
308米

+江阴
龙希国际大酒店
328米

+南宁
龙光世纪中心
368米

+湖州
东吴国际广场
288米

+东莞
环球经贸中心
289米

+厦门
中航紫金广场
194米

+江阴
华西中心
638米

+南昌
华尔街广场
225米

厦门世茂海峡大厦
300米/35万平方米

南宁龙光世纪中心
368米/40万平方米

深圳鹏润达商业广场
151米/23.6万平方米

湖州东吴国际广场
288米/39.56万平方米

2011

2010

厦门中航紫金广场
194米/21万平方米

深圳卓越城
128米/42万平方米

深圳鹏广商务广场
200米/16.8万平方米

合肥栢悦中心
249.8米/44.14万平方米

内蒙古民族时代广场
160米/42.16万平方米

东莞嘉宏中心
220米/17.5万平方米

杭州农副产品物流中心商务港
220米/44.3万平方米

2012

2013

奥意建筑30年
慧筑城市 绘筑梦想

深圳东海国际中心
308米/51万平方米

深圳JW万豪酒店
99米/5.2万平方米

江阴龙希国际大酒店
328米/21.3万平方米

深圳招商证券大厦
180米/8.13万平方米

深圳倚山花园
137米/13.4万平方米

合肥财富广场
100米/25万平方米

2007

2009

2006

2008
更名奥意建筑

南昌华尔街广场
225米/14.18万平方米

江阴华西中心
638米/85万平方米

www.ae-design.cn

+ 由于时间关系，更多精彩项目未能一一收录。
+ 凡涉及规划、面积等数据，以政府有关部门测量文件为准。作者保留对本书内容修改的权利，敬请留意最新资料。
+ 书中所提供的一切资料仅供交流参考使用，部分文字及图片资料来自互联网和合作方，如有任何疑问，请及时与我们联系（联系方式：ch@ae-design.cn）。

图书在版编目（CIP）数据

城市高度：奥意建筑超高层作品集2013 / 周栋良主编.
—北京：中国建筑工业出版社，2013.6
ISBN 978-7-112-15508-8

Ⅰ. ①城… Ⅱ. ①周…Ⅲ. ①建筑设计－作品集－中国－现代 Ⅳ. ①TU206

中国版本图书馆CIP数据核字(2013)第121018号

责任编辑：徐晓飞　许顺法
责任校对：肖　剑　关　健

城市高度：奥意建筑超高层作品集2013
周栋良　主编
*
中国建筑工业出版社出版、发行（北京西郊百万庄）
各地新华书店、建筑书店经销
北京雅昌彩色印刷有限公司制版
深圳雅昌彩色印刷有限公司印刷
*
开本：787×1092毫米　1/8　印张：23 1/2　字数：588千字
2013年7月第一版　2013年7月第一次印刷
定价：198.00元
ISBN 978-7-112-15508-8
(24095)

慧筑城市 绘筑梦想